高职高专特色实训教材

石油产品分析实训教程

晏华丹　主编

U0390527

化学工业出版社

·北京·

本书是为了适应高职以任务驱动、项目导向的"教、学、做"一体化的教学改革趋势，按照任务描述、任务分析、任务实施、经验分享、任务考核、拓展训练等项目化课程体例格式编写的。通过手机和二维码获取学习资讯，读者可以自发访问在线资源，使平面印刷课本整合移动多媒体技术后，成为立体教材及多媒体教材。

　　本书在教学内容安排上以石油产品分析操作训练为主线，紧密结合油品分析工岗位职责，合理安排实训项目和知识点，分别对车用乙醇汽油、车用柴油、润滑油、沥青的主要技术要求及分析检验方法进行了详细讲解，是一部油品分析领域的 SBS（Step by Step）教程，各操作步骤附有操作技术要点，安全注意事项，并配以典型操作照片和视频，做到了图文并茂、直观易读。本书中相关术语、试验方法、量和单位均采用最新的国家标准和行业标准。

　　本书适用于高职高专石油化工生产技术专业、工业分析专业和其他相关专业，可作为实训指导教材、技能培训教材，也可作为石油炼厂分析及质量检测人员的参考书。

图书在版编目（CIP）数据

石油产品分析实训教程/晏华丹主编. —北京：化学
工业出版社，2016.4
高职高专特色实训教材
ISBN 978-7-122-26385-8

Ⅰ.①石… Ⅱ.①晏… Ⅲ.①石油产品-分析-高等
职业教育-教材 Ⅳ.①TE626

中国版本图书馆 CIP 数据核字（2016）第 038853 号

责任编辑：刘心怡　　　　　　　　　　文字编辑：林　媛
责任校对：宋　夏　　　　　　　　　　装帧设计：刘丽华

出版发行：化学工业出版社（北京市东城区青年湖南街 13 号　邮政编码 100011）
印　　刷：北京永鑫印刷有限责任公司
装　　订：三河市宇新装订厂
787mm×1092mm　1/16　印张 9¼　字数 235 千字　2016 年 5 月北京第 1 版第 1 次印刷

购书咨询：010-64518888（传真：010-64519686）　　售后服务：010-64518899
网　　址：http://www.cip.com.cn
凡购买本书，如有缺损质量问题，本社销售中心负责调换。

定　　价：30.00 元　　　　　　　　　　　　　　　　　版权所有　违者必究

前 言

本书针对高职教育特点，参照国家职业标准的相关要求，以教授学生知识、培养学生能力、提高学生素质为目标，以石油产品分析操作训练为主线，以油品质量分析实训室为依托，紧密结合油品分析工岗位职责，采用任务驱动的形式，按照"教、学、做"一体化模式实施。

随着技术的不断革新，石油产品实验方法标准也要进行定期修订。为培养学生分析问题、解决问题的能力，满足油品分析等相关工作的需求，本书注重突出如下特点：

1. 突出"易学"原则。学生能够通过手机快速浏览视频资源，以解决文字无法描述的教学难点，激发学生学习兴趣，实现教材从平面向立体转化，从单一媒体向多媒体转化。

2. 突出"实用"原则。以技能操作指导为主，理论知识为辅。理论知识以"必需"为原则，使学生明确各质量指标含义及测定意义。

3. 突出"直观"原则。实验所需主要仪器设备和关键实验步骤均附有图片，起到指导作用，同时使学生有了直观认识。

4. 突出"安全"原则。每个项目中主要仪器设备和关键实验步骤均附有使用注意事项和安全提示。使学生能够独立、顺利、安全地完成各实训项目。

本书共分三部分，第一部分为石油产品分析实训须知，主要介绍油品质量分析实训室的基本情况、实训室规章制度、实训事故处理办法、实训成绩考核方式等；第二部分为实训项目，包括车用乙醇汽油、车用柴油、润滑油、沥青的技术指标检测项目18项，每一实训项目包括任务介绍、任务分析、任务实施、任务考核、拓展训练五部分；第三部分为附录，主要介绍车用汽油、车用柴油、汽油机油、建筑沥青和道路沥青的技术指标要求。

本书由晏华丹主编，张辉、王晶晶和杜凤参编。其中第一部分、第二部分项目一至项目十二、第三部分由晏华丹编写，第二部分项目十三、项目十四由晏华丹、张辉编写，项目十五、项目十六由晏华丹、王晶晶编写，项目十七、项目十八由晏华丹、杜凤编写。媒体脚本由晏华丹设计，视频拍摄由李玉萍、王晶晶、张辉等完成，二维码技术由辽宁石化职业技术学院穆德恒提供支持。全书由晏华丹统稿，由辽宁石化职业技术学院实训处牛永鑫主审。

在编写过程中，锦州石化公司李玉萍、潘振宇、张博、闫安，天津大港石化公司申振等相关技术人员提供了宝贵意见，在此表示衷心感谢。

鉴于编者水平有限，书中不妥之处在所难免，敬请读者批评指正。

编　者
2015 年 8 月

目 录

第一部分

石油产品分析实训须知

一、油品质量分析实训室守则

油品质量分析实训室适用于燃料油、润滑油和沥青的质量分析。总面积150m²，仪器设备50余台件。主要承担学生的油品分析实训教学，为学生进行课外科技创新活动以及教师的科学研究工作提供服务。同时，油品质量分析实训室可承接自考学生、普惠制学生、企业员工的相关培训工作，是服务、教、学、做及培训一体化多功能实训场地。

为确保人身和财产安全，维护正常的教学秩序，所有人员进入实训室务必遵守以下规程：

① 进入实训室应先熟悉实训室的水、电开关，以及实训室基本设施，掌握预防和处理事故的方法。

② 进入实训室应穿实训服或工作服，严禁赤脚、穿镂空的鞋子（如凉鞋或拖鞋）或穿带铁钉的鞋进入实训室。

③ 实训室内应保持安静，不得谈笑、打闹和擅自离开岗位，不得将食物、书报、体育用品等与实训无关的物品带入实训室。

④ 严禁在实训室吸烟、使用明火、使用易发生火花的铁制工具。

⑤ 实训所需油品应储存在防爆柜中，且存油量应尽量少，要经常检查，发现渗漏及时换装。

⑥ 油品储存区域附近，要清除一切易燃物，如报纸、纸箱和杂物等；且禁止在附近实验台使用加热设备，避免易燃物蒸汽浓度增大时，发生爆炸、燃烧事故。

⑦ 实训室要保持通风良好，避免油气积聚；长时间无人使用实训室时，首次进入实训室一定要先打开门窗，保持通风一段时间后才能接通总电源。

⑧ 对实训中用过的沾油棉纱、油抹布、油手套、油报纸等物，不能随意摆放，应统一放入垃圾桶内，并及时清理。

⑨ 实训室所有油品、药品、集中收集的废液等，严禁倒入水池中，应根据废液种类及性质的不同分别收集到液桶内，贴上标签，注明名称，防止误用和因情况不明而处理不当造成环境事故。

⑩ 处理有毒性、挥发性或带刺激性物质时，必须在通风橱内进行，防止散逸到室内，但排到室外的气体必须符合排放标准。

⑪ 称量或量取药品时，不得乱拿乱放，药品用完后，应盖好瓶盖放回原处。

⑫ 使用电器时，应防止人体与电器导电部分直接接触，不能用湿手或手握湿物接触电

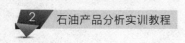

插头。

⑬ 在实验操作过程中不得离开岗位，必须离开时要委托负责者看管。

⑭ 实训室实行 6S 管理，即整理（seiri）、整顿（seiton）、清扫（seiso）、清洁（seiketsu）、素养（shitsuke）、安全（security）。保持实训室整洁，仪器设备整齐划一。

⑮ 每日实训完毕，应切断电源，拔下插头。最后离开实训室者检查水、电、气、窗等，进行安全登记后方可锁门。

二、实训事故处理办法

（一）实训室灭火法

实验中一旦发生了火灾切不可惊慌失措，应保持镇静。首先立即切断室内一切火源和电源。然后根据具体情况积极正确地进行抢救和灭火。常用的方法如下。

1. 可燃液体着火

在可燃液体着火时，应立刻拿开着火区域内的一切可燃物质，关闭通风器，防止扩大燃烧。若着火面积较小，可用石棉布、湿布、铁片或沙土覆盖，隔绝空气使之熄灭，但覆盖时要轻，避免碰坏或打翻盛有易燃溶剂的玻璃器皿，导致更多的溶剂流出而再着火；若着火面积大，需用干粉灭火器。其中汽油、乙醚、甲苯等有机溶剂着火时，应用石棉布或土扑灭，或用干粉灭火器，绝对不能用水，否则反而会扩大燃烧面积。酒精及其他可溶于水的液体着火时，可用水灭火。

2. 金属钠着火

金属钠着火时，可把砂子倒在它的上面。

3. 导线着火

导线着火时不能用水及二氧化碳灭火器，应切断电源或用四氯化碳灭火器。

4. 衣服着火

衣服被烧着时切不要奔走，可用衣服、大衣等包裹身体或躺在地上滚动以灭火，或有目的地走向最近的灭火毯或灭火喷淋器，用灭火毯把身体包住，火会很快熄灭。

较大的着火事故，应注意保护现场，立即报警。

（二）实验室急救

在实验过程中不慎发生受伤事故，应立即采取适当的急救措施。

1. 烧伤的急救

（1）化学烧伤　化学烧伤必须用大量的水充分冲洗患处。

（2）有机化合物灼伤　有机化合物灼伤用乙醇擦去有机物是特别有效的。溴的灼伤要用乙醇擦至患处不再有黄色为止，然后再涂上甘油以保持皮肤滋润。

（3）酸灼伤　酸灼伤先用大量水冲洗，以免深部受伤，再用稀 $NaHCO_3$ 溶液或稀氨水浸洗，最后用水洗。碱灼伤先用大量水冲洗，再用 1% 硼酸或 2% 醋酸溶液浸洗，最后用水洗。

（4）明火烧伤　明火烧伤要立即离开着火处，迅速用冷水冷却。轻度的火烧伤，用冰水冲洗是一种极有效的急救方法。如果皮肤并未破裂，那么可再涂擦治疗烧伤用药物，使患处及早恢复。当大面积的皮肤表面受到伤害时，可以用湿毛巾冷却，然后用洁净纱布覆盖伤处防止感染。然后立即送医院请医生处理。

2. 眼睛的急救

一旦化学试剂溅入眼内，立即用缓慢的流水彻底冲洗。洗涤后把伤者送往医院治疗。玻璃屑进入眼睛，绝不要用手揉擦，尽量不要转动眼球，可任其流泪。也不要试图让别人取出碎屑，用纱布轻轻包住眼睛后，把伤者送往医院处理。

3．割伤的急救

不正确地处理玻璃管、玻璃棒则可能引起割伤。若小规模割伤，则先将伤口处的碎玻璃片取出，用水洗净伤口，挤出一点血后，再消毒、包扎；也可在洗净的伤口，贴上"创可贴"，立即止血且易愈合。

若严重割伤，出血多时，则必须立即用手指压住或把相应动脉扎住，使血尽快止住，包上压定布，而不能用脱脂棉。若绷带被血浸透，不要换掉、再盖上一块施压，立即送医院治疗。

4．烫伤的急救

被火焰、蒸汽、红热的玻璃或铁器等烫伤，立即将伤处用大量的水冲淋或浸泡，以迅速降温避免深部烧伤。若起水泡，不宜挑破。对轻微烫伤，可在伤处涂烫伤油膏或万花油。严重烫伤宜送医院治疗。

5．中毒的急救

当发生急性中毒，紧急处理十分重要。若在实训中感到咽喉灼痛、嘴唇脱色或发绀、胃部痉挛或恶心呕吐、心悸、头晕等症状时，则可能是中毒所致。

（1）因口服引起的中毒　因口服引起中毒时，可饮温热的食盐水（1杯水中放3～4小勺食盐），把手指放在嘴中触及咽后部，引发呕吐。当中毒者失去知觉或因溶剂、酸、碱及重金属盐溶液引起中毒时，不要使其呕吐。

① 误食碱者，先饮大量水再喝些牛奶。

② 误食酸者，先喝水，再服 $Mg(OH)_2$ 乳剂，再饮些牛奶，不要用催吐剂，也不要服用碳酸盐或碳酸氢盐。

③ 重金属盐中毒者，喝一杯含有几克 $MgSO_4$ 的水溶液，立即就医，也不得用催吐剂。

（2）因吸入引起的中毒　因吸入引起中毒时，要把病人立即抬到空气新鲜的地方，让其安静地躺着休息。

6．腐蚀的急救

身体的一部分被腐蚀时，应立即用大量的水冲洗。被碱腐蚀时，再用1%的醋酸水溶液洗；被酸腐蚀时，再用1%的碳酸氢钠水溶液洗。另外，应及时脱下被化学药品玷污的衣服。

三、实训成绩考核办法

石油产品分析实训的教学目的是培训学生动手能力，使学生掌握石油产品质量指标的测定技能，并进一步加深理解石油产品各质量指标的含义和测定意义。为督促学生踏实认真地完成实训任务，掌握操作技能，制定了一套完整的成绩考核办法。

（一）总成绩评定办法

每个学生实训最终成绩按各个实训项目成绩的算术平均值计算，总成绩按优秀（90～100分）、良好（80～89分）、中等（70～79分）、及格（60～69分）、不及格（0～59分）五个级别给定。

计算公式如下：

$$G_总 = \frac{\sum\limits_1^n G_i}{n} \tag{1-1}$$

式中　$G_总$——总成绩；

　　G_i——第 i 个实训项目成绩；

　　n——实训项目总数；

　　i——1～n。

（二）实训项目考核标准

各实训项目考核内容包括出勤、预习情况、动手能力、实训报告三部分组成。各部分具体考核内容、评分标准和考核实施如表1-1。每一个实训项目后都附有操作评分标准，参照油品分析工操作评分标准编写。

表1-1　实训项目考核考核

考核内容	评分标准	考核实施
出勤 10%	遵守实训时间，出全勤，无迟到早退（100分）	点名
	遵守实训时间，无迟到早退，有事履行请假手续，不超过1/3次（90～100分）	
	出全勤，但迟到早退超过3次（80～90分）	
	出全勤，迟到早退超过7次（70～80分）	
	旷课少于3次（60～70分）	
	旷课超过3次（0～60分）	
预习情况 20%	认真预习，掌握实验原理、明确仪器设备、熟记操作步骤和注意事项（100分）	每个实验前或过程中，一对一的方式向学生提出相关典型问题
	认真预习，掌握实验原理、明确仪器设备、基本掌握操作步骤和注意事项，有一处错误（90～100分）	
	认真预习，掌握实验原理、明确仪器设备、基本掌握操作步骤和注意事项，有两处错误（80～90分）	
	认真预习，基本掌握实验原理、了解仪器设备、基本掌握操作步骤和注意事项，有三处错误（70～80分）	
	预习较认真，基本掌握实验原理、了解仪器设备、基本掌握操作步骤和注意事项，有三处以上错误（60～70分）	
	预习不认真，实验原理、仪器设备、操作步骤和注意事项不清楚（0～60分）	
动手能力 50%	积极主动进行试验，态度端正，实验操作正确，处理问题方法得当（90～100分）	老师跟踪评价，学生自评（参照油品分析工操作评分标准）各占50%
	积极主动进行试验，态度端正，实验操作基本正确，处理问题方法较得当。发现问题能及时改正（80～90分）	
	能进行试验，态度一般，实验操作步骤完整，处理问题方法较得当。发现问题能及时改正（70～80分）	
	在督促下能进行试验，态度一般，实验操作错误较多，处理问题方法不很得当。在教师提醒下能发现并改正（60～70分）	
	能进行试验，态度一般，实验操作步骤不完整，处理问题方法不得当（0～60分）	
	不进行试验（0分）	
实训报告 20%	按要求格式书写，字迹工整，数据准确，内容完整（90～100分）	实训结束后，老师批改
	按要求格式书写，字迹较工整，数据准确，内容较完整（80～90分）	
	按要求格式书写，字迹不工整，数据准确，内容完整（70～80分）	
	按要求格式书写，字迹不工整，数据准确，内容不完整（60～70分）	
	不按要求格式书写，字迹乱，无数据，内容不完整（0～60分）	

注：旷课超过1/3学时或无实训报告者总成绩不及格。

四、实训报告范例

（一）实训题目

汽车机油水分的测定

（二）实训目的

掌握测定GB/T 260—77（88）操作技能。

（三）方法概要

按GB/T 260—77（88）要求，将100g试样与100mL无水溶剂注入蒸馏烧瓶中混合，在规定的仪器中进行加热蒸馏，溶剂中轻组分首先汽化，将油品中的水携带出去，通过接受器支管进入冷凝管中，冷凝回流后流入接受器中，由于水与溶剂互不相溶，且水的密度比溶剂大，故在接受器中油水分层，水沉在接受器的底部，而溶剂连续不断地经接受器支管返回蒸馏瓶中，如此反复汽化冷凝，可将试样中水分几乎完全收集到接受器中，直至接受器中水体积不再增加为止。根据接受器中的水量及试样的用量，通过计算，即可得到所测油品中水分的含量。

（四）主要仪器与设备

1. 仪器

水分测定所需主要仪器见表1-2。

表1-2 水分测定主要仪器列表

仪器名称	仪器型号
石油产品水分测定器	符合 GB/T 260—77
圆底烧瓶	容量为 500mL
水分接受器	水分测定器的各部分连接处，用磨口塞或连接，接受器的刻度在 0.3mL 以下设有 10 等分的刻线，0.3~1.0mL 之间设有七等分的刻线；1.0~10mL 之间每分度为 0.2mL
直管式冷凝管	长度为 250~300mm
托盘天平	1000g

2. 试剂

水分测定所需试剂主要仪器见表1-3。

表1-3 水分测定试剂列表

试 剂	用 量
汽车机油	150mL
溶剂油	120#
沸石	—

（五）操作步骤

（1）预热试样 将试样倒入 150mL 烧杯中，放入加热套，预热至 40~50℃后进行摇匀。

（2）称量试样 称取试样100g，称准至 0.1g，注入预先洗净、干燥好的圆底烧瓶中。

（3）加入溶剂油和沸石 用量筒量取 100mL 溶剂油，注入圆底烧瓶中，将其与试样混合均匀，并投放 3~4 片无釉瓷片或浮石等。

（4）安装装置 将圆底烧瓶安装到石油产品水分测定器的加热套上，并将洗净、干燥的接受器通过支管紧密地安装在圆底烧瓶上，使支管的斜口进入烧瓶颈部，然后在接受器上连接直管式冷凝管并固定在铁架台上。冷凝管内壁要用棉花擦干。冷凝管下端的斜口切面要与接受器的支管口相对。为了避免蒸气逸出，应在塞子缝隙上涂抹火棉胶。进入冷凝管的水温与室温相差较大时，应在冷凝管上口用脱脂棉塞住或外接一个干燥管，以免空气中的水蒸气进入冷凝管凝结。用胶管连接好上、下冷凝水。

（5）加热 打开加热开关，调节电压旋钮，控制回流速度，使冷凝管斜口每秒滴下 2~4 滴液体。

（6）剧烈沸腾 蒸馏将近完毕时，如果冷凝管内壁有水滴，应使圆底烧瓶中的混合物在短时间内进行激烈沸腾，利用冷凝的溶剂将水滴尽量洗入接受器中。

（7）停止加热 当接受器中收集的水体积不再增加而且溶剂的上层完全透明时，应停止加热。回流的时间不应超过 1h。

停止加热后，如果冷凝管内壁仍沾有水滴，可用无水溶剂油冲洗，或用带有橡胶或塑料头的金属丝小心地将水滴推刮进接受器中。

（8）拆卸装置并读数 圆底烧瓶冷却后，将仪器拆卸，读出接受器收集的水体积。将废油倒入废油桶里，清洗仪器。读数时，读凹液面最低点，看实线。接受器的刻度在 0.3mL 以下设有 10 等分的刻线，0.3～1.0mL 之间设有七等分的刻线；1.0～10mL 之间每分度为 0.2mL。

当接受器中的溶剂呈现浑浊，而且管底收集的水不超过 0.3mL 时，或出现有油包水现象时，将接受器放入热水中浸 20～30min，使溶剂澄清，再将接受器冷却至室温后，读出水的体积。试样水分超过 10% 时，应酌情减。

（六）数据记录

水分测定数据记录单如表 1-4。

表 1-4　水分测定记录单

样品名称	汽油机油	分析时间	___年___月___日
检测依据	GB/T 260—77(88)		
试验次数	1	2	
取样量/g	100	100	
溶剂用量/mL	100	100	
蒸馏开始时间	8:30	8:40	
蒸馏终了时间	9:25	9:35	
水蒸出量/mL	0.06	0.07	
水分/%（质量分数）	0.06%	0.07%	
分析人			

（七）数据处理

根据由式(1-2)计算出试样的含水质量分数。

$$w = \frac{V\rho}{m} \times 100\% \tag{1-2}$$

式中　　w——试样含水质量分数，%；

　　　　V——接受器收集水的体积，mL；

　　　　ρ——水的密度，g/mL；

　　　　m——试样的质量，g。

试样 1：$w = \dfrac{V\rho}{m} \times 100\% = \dfrac{0.06 \times 1}{100} \times 100\% = 0.06\%$

试样 2：$w = \dfrac{V\rho}{m} \times 100\% = \dfrac{0.07 \times 1}{100} \times 100\% = 0.07\%$

两次结果在允许误差内，求算术平均值：$\dfrac{0.06\% + 0.07\%}{2} = 0.065\%$

（八）结论

所测汽油机油试样的水分指标为 0.065%，水分含量超标，不符合国家标准。

（九）思考题

石油产品水分测定法中加入溶剂的作用是什么？

答：无水溶剂的作用是降低试样黏度，以避免含水试样沸腾时发生冲击和起泡现象，便于水分蒸出；蒸出的溶剂被不断冷凝回流到烧瓶内，便于将水全部携带出来，同时可防止过热现象；若测定润滑脂，溶剂还起溶解润滑脂的作用。

第二部分

实训项目

项目一 车用乙醇汽油馏程的测定

M1-1

【任务介绍】 <<<—

汽车尾气冒黑烟,需要检测该汽车所使用油品的馏程指标是否符合国家标准。

【任务分析】 <<<—

检测该油样馏程指标,重点分析90%馏出温度是否超标,如果90%馏出温度过高,则表明油品生成焦炭的倾向增加,则需要更换合格油品。按照 GB/T 6536—2010《石油产品常压蒸馏特性测定法》测定油样馏程指标。

教学任务:在规定时间内完成检测油样馏程。

教学重点:掌握石油产品常压蒸馏特性测定法(GB/T 6536—2010)。

教学难点:蒸馏速度的控制,以及终馏点的读取。

【任务实施】 <<<—

一、知识准备

(一)基本概念

1. 馏程(boiling range)

油品在规定的条件下蒸馏,从初馏点到终馏点这一温度范围,称为馏程,以℃表示。

对于一种纯的化合物,在一定的外压条件下,都有它自己的沸点,例如,纯水在1个标准大气压力,它的沸点是100℃。石油产品是一个复杂的混合物,它与纯化合物不同,没有一个恒定的沸点。由于油品的蒸气压随汽化率不同而变化,所以在外压一定时,油品沸点随汽化率增加而不断升高,因此油品的沸点则以某一温度范围来表示,这一温度范围称沸程或馏程。

各种油品的馏程大致为汽油 40~200℃;煤油 200~300℃;航空煤油 130~250℃;轻

柴油 250～350℃；润滑油 350～520℃；重质燃料油＞520℃。

2. 初馏点（initial boiling point，IBP）

从冷凝管的末端滴下第一滴冷凝液瞬时所观察到的校正温度计读数，以℃表示。

3. 终馏点（final boiling point，FBP）

蒸馏过程中的最高温度计读数，也称终点。通常在蒸馏烧瓶瓶底的全部液体蒸发之后出现，以℃表示。

4. 干点（dry point）

最后一滴液体（不包括在蒸馏烧瓶壁或温度测量装置上的液滴或液膜）从蒸馏烧瓶中的最低点蒸发瞬间时所观察到的温度计读数，以℃表示。

在使用中一般采用终馏点，而不用干点。对于一些有特殊用途的石脑油，如油漆工业用石脑油，可以采用干点。当某些样品的终馏点测定精密度不达要求时，也可采用干点。

5. 分解点（decomposition point）

蒸馏烧瓶中液体开始呈现热分解时的温度计读数，以℃表示。热分解时蒸馏烧瓶中出现烟雾，温度发生波动，即使调节加热，温度仍明显下降。

6. 蒸发百分数（percent evaporated）

回收百分数与损失百分数之和，以百分数表示。

7. 损失百分数（percent loss）

100 减去总回收百分数，以百分数表示。

8. 回收百分数或回收体积（percent recovered or volume recovered）

与温度计读数同时观察到在接受量筒内的冷凝液体的体积，以百分数表示或以毫升表示。

9. 最大回收百分数（maximum percent recovery）

最大回收体积，以百分数表示或以毫升表示。

10. 残留百分数（percentresidue）

测得的残留体积，以百分数表示或以毫升表示。

11. 总回收百分数（percent total recovery）

测得的最大回收百分数和蒸馏烧瓶中的残留百分数之和，以百分数表示。

12. 温度计读数（thermometer reading）

在蒸馏烧瓶颈部低于支管位置测得的饱和蒸气的温度，以℃表示。

（二）测定方法

GB/T 6536—2010《石油产品常压蒸馏特性测定法》的方法概要：将 100mL 试样在适合其性质的条件下进行蒸馏，观测并记录温度读数和冷凝物体积、蒸馏残留物和损失体积，并对观测到的温度计读数进行大气压修正，报告结果。

（三）测定意义

馏程是石油产品的主要理化指标之一，主要用来判定油品轻、重馏分组成的多少，控制产品质量和使用性能等。在轻质燃料上具有重要意义，它是控制石油产品生产的主要指标，可用沸点范围来区别不同的燃料，是轻质油品重要的实验项目之一。

1. 馏程可评定汽油发动机燃料蒸发性，从而判断其使用性能

（1）10％馏出温度反映低温启动性能和形成气阻的倾向　初馏点和 10％馏出温度过高，冷车不易启动；过低又易产生气阻现象（夏季在发动机温度较高的油管中的汽油，蒸发形成气泡，堵塞油路，中断给油）。规定 10％馏出温度的上限不能高于 70℃，下限实际上由蒸气压来控制。汽油 10％馏出温度越低，发动机的低温启动性好。

（2）50％馏出温度反映车用无铅汽油的平均蒸发性　影响发动机启动后的升温时间、加速性能和工作的稳定性。冷发动机从启动到车辆起步，经过暖车，温度约上升到 50℃，才能带负荷运转（约 400r/min）。汽油的 50％馏出温度越低，平均蒸发性能越好，启动时参加燃烧的汽油量越多，发热量越大，缩短启动后的升温时间，减少油耗，发动机加速灵敏，运转平稳。50％馏出温度若过高，当发动机加大油门提速时，部分燃料来不及汽化，燃烧不完全，使发动机功率降低，甚至燃烧不起来，致使发动机熄火而无法工作。

规定车用汽油的 50％蒸发温度不高于 120℃。

（3）90％馏出温度和终馏点反映汽油在汽缸中的蒸发完全程度　这两个温度低，表示汽油能够完全燃烧；过高，表明不易蒸发，重质组分过多，难充分燃烧，排气冒黑烟，增大油耗，降低发动机功率，工作不稳定，未充分燃烧的燃油流入曲轴箱，稀释润滑油，加剧机件磨损。终馏点为 225℃的汽油，发动机磨损比 200℃汽油增大 1 倍、耗油增加 7％。

规定 90％馏出温度不高于 190℃，终馏点不高于 205℃。

2. 柴油的馏程控制

柴油的馏程是保证柴油在发动机燃烧室内迅速蒸发汽化和燃烧的重要指标。为保证良好的低温启动性能，要有一定的轻质馏分（130～160℃），使其蒸发速度快，有利于形成可燃混合气，燃烧速度加快。轻柴油 50％馏分温度应为 300℃，以确保燃烧时的平均蒸发性能，利于平稳燃烧。轻柴油 95％馏分温度应低于 350～355℃范围，终馏点低于 365℃，否则在高速柴油机中不能及时蒸发和燃烧，造成燃烧室结焦和排气冒黑烟。重柴油对馏程要求较低，控制在 250～450℃即可。

3. 灯用煤油的馏程控制

灯用煤油的馏程控制 270℃馏出量不小于 70％，干点不高于 310℃，是限制煤油中的轻重组分有适当的含量，以保证煤油在使用中达到照明度大、火焰均匀、灯芯结焦量少、耗油量低的要求。

4. 判断该原油最适宜的产品方案和加工工艺

判断依据为原油中含有汽油、煤油、轻柴油等馏分收率的多少。而馏程测定结果可大致判断原油中所含轻、重馏分的数量。

5. 控制装置生产操作条件

如按航空煤油馏程来确定塔顶温度，若航空煤油干点高于指标，说明塔顶温度高、塔顶压力低、顶回流或原油带水多，吹汽多。一般加大塔顶回流量，降低塔顶温度，加强回流与原油脱水，减少吹汽量等，控制产品干点合格。

6. 通过馏程的测定结果判断其他相关结果的准确性

如初馏点与闪点成正比，初馏点温度高说明闪点高，初馏点温度低闪点低。

10％馏出温度与蒸气压成反比，50％馏出温度与黏度成正比，90％馏出温度与抗爆性成正比，干点与胶质、残炭成正比。

二、仪器准备

车用乙醇汽油馏程测定实验所需主要仪器设备见图 2-1。

三、试剂准备

车用乙醇汽油馏程测定实验所需试剂如表 2-1。

表 2-1　车用乙醇汽油馏程测定试剂

试剂	用量	使用说明
车用乙醇汽油	200mL	（1）汽油挥发性强，取样时应避免多次开盖，减少轻组分的损失 （2）若试样含可见水，可造成烧瓶内压力不稳，甚至发生冲油（突沸）现象。不适合做实验，应该另取一份无悬浮水的试样进行实验

石油产品蒸馏测定器　　　　量筒　　　　　蒸馏烧瓶125mL　　　温度计0～300℃、0～100℃
　　　　　　　　　　　　5mL、100mL

　　秒表　　　　　　　密封垫　　　　　　顶簧　　　　　铜丝拉线　　　　石棉支板38mm

图 2-1　车用乙醇汽油馏程测定主要仪器设备

根据地区大气压力不同，选择样品组别。本实验取 2 组。样品组别划分如表 2-2，取样条件如表 2-3，仪器准备条件如表 2-4。

表 2-2　样品组别

样品特性	0 组	1 组	2 组	3 组	4 组
馏分类型	天然汽油				
蒸气压(37.8℃)/kPa (试样方法 GB/T 8017)		≥65.5	<65.5	<65.5	<65.5
蒸馏特性 初馏点/℃ 终馏点/℃		≤250	≤250	≤100 >250	>100 >250

表 2-3　取样、储存及处理条件

项　　目	0 组	1 组	2 组	3 组	4 组
样品瓶温度/℃	<5	<10			
样品储存温度/℃	<5	<10	<10	环境温度	环境温度
分析前样品处理后温度/℃	<5	<10	<10	环境温度或高于倾点 9～21℃	环境温度或高于倾点 9～21℃
取样时含水	重新取样	重新取样	重新取样	按下列方法处理	

表 2-4　仪器准备

项　　目	0 组	1 组	2 组	3 组	4 组
蒸馏烧瓶/mL	100	125	125	125	125
蒸馏用温度计编号	GB-46	GB-46	GB-46	GB-46	GB-47
蒸馏用温度计范围	低	低	低	低	高
蒸馏烧瓶支板孔径/mm	A 32	B 38	B 38	C 50	C 50
试验开始时温度 蒸馏烧瓶/℃ 蒸馏烧瓶支板和防护罩 接收量筒和 100mL 试样温度/℃	0～5 不高于环境温度 0～5	13～18 不高于环境温度 13～18	13～18 不高于环境温度 13～18	13～18 不高于环境温度 13～18	不高于环境温度 — 13～环境温度

四、操作步骤

M1-2

(一)操作技术要点

车用乙醇汽油馏程测定的步骤为:准备冷浴、擦洗冷凝管→装入试样→安装温度计→安装蒸馏烧瓶→安装量筒→加热→控制蒸馏速度→记录最大回收体积分数观察记录→量取残留体积分数九步,技术要点如表2-5。

表2-5 车用乙醇汽油馏程测定的操作步骤和技术要点

操作步骤	技术要点
准备冷浴 擦洗冷凝管	(1)设置冷浴温度,使其维持在0~4℃。冷浴介质液面必须高于冷凝管最高点,如图2-2 (2)用缠在拉线上的一块脱脂棉擦洗冷凝管内的残存液。如图2-3将拉线插入冷凝管,如图2-4将拉线从冷凝管下端拽出 (3)如棉花意外掉在冷凝管内,可在冷凝管末端接入压缩空气将失落物从冷凝管中吹出 (4)观察蒸馏烧瓶是否有裂痕及破损。 图2-2 冷浴　　　　图2-3 擦拭冷凝管　　　　图2-4 拽出拉线
装入试样	(1)观察蒸馏烧瓶是否有裂痕及破损 (2)用量筒取100mL混匀试样,尽可能地将试样全部倒入蒸馏烧瓶中 (3)装入试样时,蒸馏烧瓶的支管应向上,烧瓶颈部倾斜约45°,如图2-5所示,以防样品从支管中流出 图2-5 装入试样
安装温度计	(1)用打孔良好的软木塞或硅橡胶塞,将温度计紧密地装在蒸馏烧瓶的颈部,如图2-6 (2)温度计水银球应位于蒸馏烧瓶颈部中央,毛细管低端与蒸馏烧瓶支管内壁底部最高点齐平,如图2-7 (3)安装后温度计的刻线要正对化验员方向,以便观察温度计读数 图2-6 安装温度计　　　　图2-7 调整温度计位置

操作步骤	技术要点
安装蒸馏烧瓶	(1)用硅橡胶塞,将蒸馏烧瓶支管紧密安装在冷凝管上,如图 2-8 (2)蒸馏烧瓶要调整至垂直,蒸馏烧瓶支管伸入冷凝管内 25～50mm (3)升高及调整蒸馏烧瓶支板,使其对准并接触蒸馏烧瓶底部 (4)升高支板时要缓慢旋转旋钮,防止力量过大造成直管折断,如图 2-9 (5)当烧瓶左右方向不垂直,可通过调整仪器侧面的"升降旋钮"调整电炉高度使蒸馏烧瓶垂直;前后方向不垂直可移动电炉或石棉垫位置来调整 图 2-8　安装蒸馏烧瓶　　　　图 2-9　升高支板
安装量筒	(1)将取样用的量筒(不清洗、不干燥)放入冷凝管下端冷浴内,冷浴温度 13～18℃ (2)使冷凝管下端位于量筒中心,伸入量筒内至少 25mm,但不低于 100mL 刻线,如图 2-10。可用顶簧或马蹄铁垫起量筒,如图 2-11 (3)用密封垫或脱脂棉将量筒与冷凝管衔接部分盖严密。防止冷凝管上的凝结水落入量筒内和馏出物的挥发损失 图 2-10　安装量筒　　　　图 2-11　顶簧垫起量筒
加热	(1)打开加热开关,调节电压,控制升温速度,从开始加热到初馏点的时间为 5～10min (2)观察记录初馏点后,立即移动量筒,使冷凝管尖端与量筒内壁相接触,让馏出液沿量筒内壁流下
控制蒸馏速度	(1)调整电压,从初馏点到 5％回收体积时间是 60～100s (2)从 5％回收体积到蒸馏烧瓶中有 5mL 残留物的平均冷凝速度是 4～5mL/min (3)当观察到气圈上升到蒸馏烧瓶一半的时候,回调电压。并仔细观察和记录初馏点温度,然后立即移动量筒,使冷凝管的尖端与量筒内壁接触 (4)对汽油要求记录初馏点、终馏点和 5％、15％、85％、95％回收体积分数及从 10％～90％每 10％回收体积分数的温度计读数。记录量筒中液体体积,要精确到 0.5mL,记录温度计读数,要精确至 0.5℃ (5)观察温度计视要与温度计刻度线垂直。当量筒内液体量达到读数时,温度计读数时一定要快 (6)如果观察到分解点,则停止加热,重新试验 (7)蒸馏烧瓶内液体约 5mL 时(量筒内回收量达 91～92mL)时,再调加热,使此时至终馏点时间≤5min (8)观察记录终馏点

操作步骤	技术要点
记录最大回收体积分数	(1)停止加热后,每2min观察一次量筒内冷凝液体积,直至2次观察体积一致
	(2)精确记录体积,报告为最大回收百分数。根据所用的仪器,精确至0.5mL或0.1mL
量取残留体积分数	待蒸馏烧瓶冷却后,将蒸馏烧瓶内残留液倒入5mL量筒,直至量筒液体体积无明显增加,如图2-12。记录体积,作为残留体积分数 (a) (b) 图 2-12 量取残留体积分数

(二)数据记录方法

车用乙醇汽油馏程测定数据记录单如表2-6。

表 2-6 车用乙醇汽油馏程测定记录单

样品名称					大气压/kPa			
分析时间								
次数		I				II		
温度计号								
项目	观察温度	温度计补正值	大气压补正值	补正后温度	观察温度	温度计补正值	大气压补正值	补正后温度
初馏点/℃								
5%回收温度/℃								
10%回收温度/℃								
45%回收温度/℃								
50%回收温度/℃								
85%回收温度/℃								
90%回收温度/℃								
终馏点/℃								
残留量/%(V/V)								
损失量/%(V/V)								
10%蒸发温度/℃								
50%蒸发温度/℃								
90%蒸发温度/℃								
计算公式	$C = 0.0009(101.3 - p)(273 + t)$				$T = T_L + \dfrac{(T_H - T_L)(R - R_L)}{R_H - R_L}$			
平均结果	初馏点/℃	10%蒸发温度/℃	50%蒸发温度/℃	90%蒸发温度/℃	终馏点/℃	残留量/%(V/V)		
分析人								

记录要求：每一次试验，根据所用仪器要求，记录所有百分数都要精确至 0.5％（手动）或 0.1％（自动），温度计读数精确至 0.5℃（手动）或 0.1℃（自动）。报告大气压力精确至 0.1kPa。

（三）经验分享

（1）测得的馏出温度偏高。

分析原因：①蒸馏烧瓶受热过大，加热速度过快，最后还会出现过热现象，使干点提高而不易测准；②温度计插入蒸馏烧瓶过深。蒸馏时，高沸点蒸气或溅起的液滴溅到水银球上而使结果偏高。

解决办法：①按照标准严格控制升温速度；②温度计毛细管的最低点与蒸馏烧瓶支管内壁底部的最高点齐平，正是蒸馏时油蒸气向烧瓶支管逸出的位置，水银球表面覆盖有一层薄的凝聚液体，不断回流入烧瓶中，又与油蒸气接触达平衡。

（2）测得的馏出温度偏低。

分析原因：①测量过程中，加热速度过慢，以致加热强度不足，馏出温度降低；②温度计插得过浅，蒸馏烧瓶颈部的蒸汽分子少；③温度计插歪，不与蒸馏烧瓶颈部的轴心线重合，受瓶壁外界冷空气的影响使结果偏低。

解决办法：①按照标准严格控制升温速度；②温度计毛细管的最低点与蒸馏烧瓶支管内壁底部的最高点齐平；③温度计位于蒸馏烧瓶颈部中央，与蒸馏烧瓶颈部的轴心线重合。

（3）馏出液体积过多。

分析原因：①用量筒量取油样多于 100mL；②量取油样时，油样温度比室温低；③测定前冷凝管未擦净；④冷凝管的凝结水流入量筒；⑤蒸馏烧瓶不干燥。

解决办法：①准确量取 100mL 油样；②取样时，维持量筒周围温度 13～18℃；③测定前，将冷凝管内壁擦拭干净；④用棉花或吸水纸塞住量筒口部；⑤实验前将蒸馏烧瓶清洗干净并干燥。

（4）馏出液体积过少。

分析原因：①用量筒量取油样少于 100mL；②量取油样时，油样温度比室温高；③注入油样时，将油样遗洒在蒸馏烧瓶外；④注入试样时，轻组分挥发损失；⑤仪器连接处密封不好，造成油蒸气漏气损失；⑥冷浴温度过低。

解决方法：①准确量取 100mL 油样；②取样时，维持量筒周围温度 13～18℃；③如发现油样遗洒在外面，应重新取样试样；④取样，注入试样到安装，开始试验，应连续迅速完成；⑤测定前检查仪器连接处密封情况；⑥按标准要求设定冷浴温度。

（5）实验过程中，加热炉上忽然着火。

分析原因：①蒸馏烧瓶有裂纹；②仪器连接处不密封，有油蒸气漏出；③在测定过程中发现温度计插入位置不准确，直接打开调节，大量油蒸气逸出。

解决方法：①实验前，将蒸馏烧瓶对准日光灯检查其是否有裂纹。如果有裂纹或十字花，需更换新的蒸馏烧瓶；②测定前检查仪器连接处密封情况，或立刻关闭电源，停止加热；③立刻关闭电源，停止加热，待冷却后，重新实验；④如果着火，应立即切断电源，并用防火毯或湿抹布盖住着火点。

（6）取样时，如果试样含有可见水，则不适合做实验，应另取一份无悬浮水的试样。

（7）实验结束后，蒸馏烧瓶底部会产生积炭，可将少量细沙或碎鸡蛋壳放入其中，反复振荡，除去积炭。过程中避免蒸馏烧瓶碎裂。不可将细沙或碎鸡蛋壳倒入下水道。

如果蒸馏烧瓶底部有积碳，可趁热加入少量细砂（或碎蛋壳），旋转摇动，再用水清洗。

（8）电压不能一次性调整，需逐步调整电压，控制蒸馏速度。每次调整电压后需用秒表计时测量蒸馏速率。每一台设备都不同，需要多次摸索，掌握技巧。

（9）加热过程中，如果观察到分解点（蒸馏烧瓶内由于热分解出现烟雾时温度计读数），则应停止加热，按实验步骤（7）继续进行。

（10）停止加热时，要先将调压旋钮回零，再关闭电炉开关。

（11）温度计损坏，水银撒出后及时用硫黄粉回收处理。

【任务评价】 <<<—

一、计算

1. 计算损失体积分数

最大回收体积分数和残留体积分数之和为总回收体积分数。从100%减去总回收体积分数，则得出损失体积分数。

2. 大气压力修正

一般情况下温度计读数都应修正到101.3kPa。按式（2-1）或表2-7修正到101.3kPa，并将修正结果修约至0.5℃（手动）或0.1℃（自动）。报告应包括观察的大气压力，并说明是否已进行大气压力修正。

$$t_0 = t + C \tag{2-1}$$
$$C = 0.0009(101.3 - p)(273 + t)$$

式中 C——修正值，℃；

p——试验时大气压力，kPa；

t——试验时温度，℃。

表2-7 近似的蒸馏温度读数修正值

温度范围/℃	每1.3kPa(10mmHg)压力差的修正值/℃	温度范围/℃	每1.3kPa(10mmHg)压力差的修正值/℃
10~30	0.35	>210~230	0.59
>30~50	0.38	>230~250	0.62
>50~70	0.40	>250~270	0.64
>70~90	0.42	>270~290	0.66
>90~110	0.45	>290~310	0.69
>110~130	0.47	>310~330	0.71
>130~150	0.50	>330~350	0.74
>150~170	0.52	>350~370	0.76
>170~190	0.54	>370~390	0.78
>190~210	0.57	>390~410	0.81

3. 修正后的损失 L_c

$$L_c = AL + B \tag{2-2}$$

式中 L——从试验数据中计算得出的损失百分数，%；

B——数字常数；

A——数字常数。

4. 修正后的最大回收百分数 R_c

$$R_c = R_{max} + (L - L_c) \tag{2-3}$$

式中　R_c——校正最大回收分数，％；

　　　R_{max}——最大回收分数，％；

　　　　L——观测损失，％；

　　　L_c——校正损失，％。

二、精密度

1. 重复性

同一操作者重复测定的两个结果之差不应大于表 2-8（手动）或表 2-9（自动）中所示的数据。

2. 再现性

不同操作者测定的两个结果之差不应大于表 2-8（手动）或表 2-9（自动）中所示的数据。

表 2-8　汽油手动蒸馏的重复性和再现性

蒸发分数/％	重复性/℃	再现性/℃	蒸发分数/％	重复性/℃	再现性/℃
初馏点	3.3	5.6	90	r_1	$R_1-1.22$
5	$r_1+0.66$	$R_1+1.11$	95	r_1	$R_1-0.94$
10~80	r_1	R_1	终馏点	3.9	7.2

注：由图 2-13 得 r_1 和 R_1。

表 2-9　汽油自动蒸馏的重复性和再现性

蒸发分数/％	重复性/℃	再现性/℃	蒸发分数/％	重复性/℃	再现性/℃
初馏点	3.9	7.2	80	r_2	$R_2-0.94$
5	$r_2+1.0$	$R_2+1.78$	90	r_2	$R_2-1.9$
10	$r_2+0.56$	$R_2+0.72$	95	$r_2+1.4$	R_2
20	r_2	$R_2+0.72$	终馏点	4.4	8.9
30~70	r_2	R_2			

注：由图 2-14 得 r_2 和 R_2。

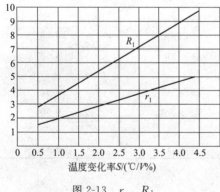

图 2-13　r_1、R_1

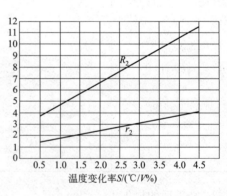

图 2-14　r_2、R_2

三、报告

试样的馏程用各馏程规定的重复测定结果的算术平均值表示。

四、考核评价

考核时限为 125min，其中准备时间 5min，操作时间 120min。从正式操作开始计时。提前完成操作不扣分，超过规定操作时间按规定标准评分。违章操作或出现事故停止操作。车用乙醇汽油馏程测定操作考核内容、考核要点、评分标准见表 2-10。

表 2-10　车用乙醇汽油馏程测定评分记录表

序号	考核内容	考核要点	配分	评分标准	扣分	得分
1	准备工作（10分）	检查温度计、大气压力表、电子秒表、量筒，是否有鉴定证书并唱读	2	未检查温度计是否有检定证书并唱读，扣0.5分 未检查大气压力表是否有检定证书并唱读，扣0.5分 未检查电子秒表是否有检定证书并唱读，扣0.5分 未检查量筒是否有鉴定证书并唱读，扣0.5分		
		检查蒸馏烧瓶是否清洁干燥，样品是否含水，测量油温	3	未检查蒸馏烧瓶是否清洁干燥，扣1分 未检查样品是否含水，扣1分 未测量油温，扣1分		
		清洁冷凝管，检查冷浴温度（0～60℃）并唱读	2	未清洁冷凝管，扣1分 未检查冷浴温度，扣1分		
		正确使用量筒，向量筒倒油一次成功，向烧瓶倒油不洒不漏	3	未正确使用量筒，扣1分 向量筒倒油不是一次成功，扣1分 向烧瓶倒油洒漏，扣1分		
2	仪器安装（5分）	温度计位于蒸馏烧瓶颈部中央	1	温度计没有位于蒸馏烧瓶颈部中央，扣1分		
		温度计水银球上边缘与蒸馏烧瓶支管内壁底部最高点齐平	2	温度计水银球上边缘未与蒸馏烧瓶支管内壁底部最高点齐平，扣2分		
		蒸馏烧瓶安装垂直。烧瓶支管伸入冷凝管25～50mm	2	蒸馏烧瓶安装不垂直，扣1分 烧瓶支管伸入冷凝管不符合要求，扣1分		
3	测定（40.5分）	从开始加热到初馏点的时间为5～15min	5	从开始加热到初馏点的时间不在规定范围内，扣5分		
		从5%～95%的速率为4～5mL/min	16	5%～50%的速率超过1次，扣4分 50%～90%的速率超过一次，扣4分，扣完为止		
		从开始加热至终馏点，每个规定点均应记录温度和时间	9	每缺一个温度点，扣0.5分 每缺一个时间点，扣0.5分		
		馏出95%～终馏点的时间不大于5min	5	超过时间，扣5分		
		初馏点、5%、40%、50%、60%、80%、90%、95%、终馏点、残留物、最大回收百分数必须唱读	5.5	未唱读，每个点扣0.5分		
		操作记录表记录正确，书写工整、没有涂改，更改必须签字（签学号）	3.5	每发现一处问题，扣0.5分，直至3.5分扣完为止（更改3处以内，含3处，不扣分，3处以上开始扣分）		
4	计算（20分）	实验结果正确进行温度和大气压修正 正确计算50%、90%、95%点回收温度 其它各点则按要求计算准确	20	6分，发现1处扣1分，扣完为止 9分，每点3分 5分，每点1分，扣完为止		
5	实验结果（21分）	50%、90%、95%三点的平行实验用重复性误差判定	15	每个点5分		
		对50%、90%、95%三点的回收温度做再现性考察	6	每个点2分，超出再现性要求不得分		
	合计		100			

【拓展训练】 <<<—

一、选择题

(1) 测定汽油馏程时，要求量取汽油试样、馏出物及残留液体积的温度均保持在（　）。

A. 室温 B. 13～18℃

C. （20±3）℃ D. 不高于室温

(2) 测定汽油馏程时，为保证油气全部冷凝，减少蒸馏损失，必须控制冷浴温度为（　）。

A. 0～10℃ B. 13～18℃

C. 0～1℃ D. 不高于室温

(3) 表示车用无铅汽油的平均蒸发性，直接影响发动机的加速性和工作平稳性的指标是（　）。

A. 50%蒸发温度 B. 10%蒸发温度

C. 终馏点 D. 残留量

二、判断题

(1) 汽油馏程测定装入试样时，蒸馏烧瓶支管应向上，以防液体注入支管中。（　）

(2) 测定汽油馏程前，要用缠在拉线上的一块无绒软布擦洗冷凝管内的残存液。（　）

(3) 测定汽油馏程蒸馏结束后，以装入试样量为100%减去馏出液体和残留物的体积分数，所得之差值称为损失体积分数。（　）

(4) 车用无铅汽油10%蒸发温度决定其低温启动性和形成气阻的倾向。（　）

(5) 90%蒸发温度和终馏点表示车用无铅汽油中高沸点组分（重组分）的多少，决定其在气缸中的蒸发完全程度。（　）

三、简答题

(1) 测定汽油馏程时，量筒口部用棉花塞住的目的是什么？

(2) 为什么蒸馏不同石油产品时要选用不同孔径的石棉垫？

(3) 为什么试油中有水时，实验前应进行脱水？

(4) 为什么测定不同石油产品馏程时冷浴温度不同？

参考答案

一、选择题

(1) B；(2) C；(3) A

二、判断题

(1) √；(2) √；(3) √；(4) √；(5) √

三、简答题

(1) 用密封垫或脱脂棉将量筒与冷凝管衔接部分盖严密。防止冷凝管上的凝结水落入量筒内和馏出物的挥发损失。

(2) 不同石油产品选不同孔径的支板。蒸馏终点的油品表面要高于加热面。轻油大都要求测定终馏点，为防止过热选孔径小的支板，如汽油要求用孔径为38mm。

(3) 试样含水，温度计上冷凝聚水滴，落入高温的油中，迅速汽化，造成瓶内压力不稳，甚至发生冲油（突沸）现象。

(4) 为了使油品沸腾后的蒸气在冷凝管冷凝为液体，使其在冷凝管内能正常流动。不同油品的初馏点，挥发性不同。如汽油的初馏点低，轻组分多，挥发性大，为保证油气全部冷凝为液体，减少蒸馏损失，必须控制冷浴温度，0～1℃（蒸气压≥65.5kPa）或0～4℃（蒸气压≤65.5kPa）。

项目二 车用乙醇汽油密度的测定

M2-1

【任务介绍】<<<—

泵房工作人员发现两个储罐液位有变化，有可能发生串油现象，需要检测储罐内油品密度（检测油位变高的储罐中的油品）。

【任务分析】<<<—

密度大小对油品的影响非常大，可以根据检测油罐中油品的密度是否改变，判断是否发生串油现象。按照 GB/T 1884—2010《原油和液体石油产品密度实训室测定法（密度计法）》检测试样密度。

教学任务：在规定时间内测定车用乙醇汽油密度。

教学重点：密度计的使用。

教学难点：准确读取密度计读数。

【任务实施】<<<—

一、知识准备

（一）基本概念

1. 密度

单位体积物质的质量称为密度（density），用 ρ 表示。单位为 g/cm³（g/mL）或 kg/m³。我国规定 20℃时，石油及液体石油产品的密度为标准密度，用 ρ_{20} 表示。其他温度测得的密度为视密度，用 ρ_t 表示。在温差为 20℃±5℃范围内，可按式(2-4)将视密度换算为标准密度。

$$\rho_{20} = \rho_t + \gamma(t - 20) \tag{2-4}$$

式中　ρ_{20}——油品在 20℃时的密度，g/mL；

　　　ρ_t——第 i 个实训项油品在温度 t 的视密度，g/mL；

　　　t——油品的温度，℃；

　　　γ——油品密度的平均温度系数，即油品密度随温度的变化率，g/(mL·℃)。

油品密度的平均温度系数可根据平均温度系数表查得，如表 2-11。若温度相差较大，可根据 GB/T 1885—1998《石油计量表》，通过视密度值查到相应的标准密度。

表 2-11　油品密度的平均温度系数表（部分数据）

$\rho_{20}/(\text{g/cm}^3)$	$\gamma/[\text{g/(cm}^3 \cdot ℃)]$	$\rho_{20}/(\text{g/cm}^3)$	$\gamma/[\text{g/(cm}^3 \cdot ℃)]$
0.700～0.710	0.000897	0.750～0.760	0.000831
0.710～0.720	0.000884	0.760～0.770	0.000813
0.720～0.730	0.000870	0.770～0.780	0.000805
0.730～0.740	0.000857	0.780～0.790	0.000792
0.740～0.750	0.000844	0.790～0.800	0.000778

续表

$\rho_{20}/(g/cm^3)$	$\gamma/[g/(cm^3 \cdot ℃)]$	$\rho_{20}/(g/cm^3)$	$\gamma/[g/(cm^3 \cdot ℃)]$
0.800~0.810	0.000765	0.900~0.910	0.000633
0.810~0.820	0.000752	0.910~0.920	0.000620
0.820~0.830	0.000738	0.920~0.930	0.000607
0.830~0.840	0.000725	0.930~0.940	0.000594
0.840~0.850	0.000712	0.940~0.950	0.000581
0.850~0.860	0.000699	0.950~0.960	0.000568
0.860~0.870	0.000686	0.960~0.970	0.000555
0.870~0.880	0.000673	0.970~0.980	0.000542
0.880~0.890	0.000660	0.980~0.990	0.000529
0.890~0.900	0.000647	0.990~1.000	0.000518

2. 相对密度

物质的相对密度（relative density）是指物质在给定温度下的密度与规定温度下标准物质的密度之比。

我国用 20℃时油品的密度与 4℃时纯水的密度之比表示油品的相对密度，其符号用 d_4^{20} 表示，无量纲。由于水在 4℃时的密度等于 1g/mL，因此液体石油产品的相对密度与密度在数值上相等。

（二）测定方法

测定油品密度的方法有两种，密度计法和密度或相对密度法，密度计法简便、迅速，但准确度不是很高，受最小分度值及测试人员的视力限制。而密度或相对密度法很精确，但测定时间较长。生产实际中，主要用密度计法。

GB/T 1884—2010《原油和液体石油产品密度实验室测定法（密度计法）》的测定方法概要：使试样处于规定温度，将其倒入温度大致相同的密度计量筒中，将合适的密度计放入已调好温度的试样中，让它静止。当温度达到平衡后，读取密度计刻度读数和试样温度。用石油计量表把观察到的密度计读数换算成标准密度，或用公式换算。必要时，可将盛有试样的量筒放在恒温浴中，以避免测定温度变化过大。

该方法的理论依据是阿基米德原理。测定时将密度计垂直放入液体中，当密度计排开液体的质量等于其本身的质量时，处于平衡状态，漂浮于液体中。密度大的液体浮力较大，密度计露出液面较多；相反，液体密度小，浮力也小，密度计露出液面部分较少。

（三）测定意义

1. 计算油品的重量

对于容器中油品的计量，可先测出容积和密度，然后根据容积和密度的乘积，计算油品的重量。

2. 判断油品的种类

根据相对密度可初步确定油品的品种，例如：原油 0.65~1.06、汽油 0.70~0.77、煤油 0.75~0.83、柴油 0.82~0.87、润滑油 0.85~0.89、重油 0.91~0.97。也可以判断是否混入重油或轻油。如汽油的密度增大，意味着与重质石油产品混合，或是轻馏分蒸发了。反之，密度变小，可能是与轻质石油产品混合。

3. 判断原油的组成

密度大的原油，含硫、氨、氧等有机化合物多，含胶状物质多。另外，两种原油对比看，含烷烃多的原油其密度小于含环烷烃及芳香烃多的原油。

4. 影响燃料的使用性能

喷气燃料密度越大，质量热值越小，但体积热值大，适于作远程飞行燃料，可减小油箱体积，降低飞行阻力。通常，在保证燃烧性能不变坏的条件下，喷气燃料的密度大一些较好。燃料的密度越小，其质量热值越高，对续航时间不长的歼击机，为了尽可能减少飞机载荷，应使用质量热值高的燃料。

5. 指导生产

例如，对热裂化装置而言，高压蒸发塔底油的密度小，可初步判断裂化反应过于剧烈，应适当降低温度，终止进一步裂解。

二、仪器准备

车用乙醇汽油密度测定实验所需仪器设备见图 2-15。

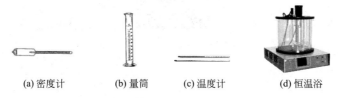

(a) 密度计　　　(b) 量筒　　　(c) 温度计　　　(d) 恒温浴

图 2-15　车用乙醇汽油密度测定主要仪器设备

GB/T 1884—2010《原油和液体石油产品密度实验室测定法（密度计法）》对密度计、量筒、温度计和恒温浴缸的具体技术要求如下。

1. 密度计

密度计要求符合 SH/T 0316，定期检定，至少五年复检一次。密度计的测量范围如表 2-12。

表 2-12　两种类型石油密度计的测量范围

型　号			SY-Ⅰ	SY-Ⅱ
最小分度值/(g/mL)			0.0005	0.001
测量范围	支号	1	0.6500～0.6900	
		2	0.6900～0.7300	0.650～0.710
		3	0.7300～0.7700	0.710～0.770
		4	0.7700～0.8100	0.770～0.830
		5	0.8100～0.8500	0.830～0.890
		6	0.8500～0.8900	0.890～0.950
		7	0.8900～0.9300	0.950～1.010
		8	0.9300～0.9700	
		9	0.9700～1.0100	

2. 量筒

内径至少比所用的密度计外径大 25mm，量筒高度应能使密度计在试样中漂浮时，密度计底部与量筒底部的间距至少保持 25mm。

3. 温度计

温度计要求是符合国家标准的温度计，共需要两支。1 支为 -1～38℃，最小分度值 0.1℃，用于测量恒温浴温度，1 支为 -20～102℃，最小分度值为 0.2℃，用于测量试样温度。

4. 恒温浴

恒温浴尺寸大小应能容纳密度计量筒，使试样完全浸没在恒温浴液体表面以下，在试验期间，能保持试验温度在±0.25℃。

三、试剂准备

车用乙醇汽油密度测定实验所需试剂有车用柴油试样，如表2-13。

表 2-13　车用乙醇汽油密度测定试剂

试剂	用量	注意事项
车用乙醇汽油	600mL	—

四、实验步骤

M2-2

（一）操作技术要点

车用乙醇汽油密度测定的步骤为：准备恒温浴→取样→试样恒温→测量试样温度→选取密度计→测量试样密度→读取试样密度→取出密度计→测量试样温度等九步。技术要点如表2-14。

表 2-14　车用乙醇汽油密度测定的操作步骤和技术要点

操作步骤	技术要点
准备恒温浴	(1)将恒温浴缸注满水 (2)打开恒温水浴电源开关,设定恒温浴温度为20℃ (3)打开恒温浴搅拌开关,使其温度均匀
取样	(1)试样小心地沿着量筒内壁倒入至量筒体积70%左右处(450～500mL 刻线处),避免试样飞溅和生成气泡 (2)如试样表面有气泡,可用一片清洁的滤纸轻轻刮去试样表面的气泡。
试样恒温	(1)把装有试样的量筒放入恒温水浴中,因恒温浴缸盖空内有用于固定量筒的铁夹片,放入量筒时,要用力慢慢地放入,调整使量筒保持垂直,如图2-16 (2)调整恒温浴缸中水位,使量筒中试样完全浸没在恒温浴中水位 (a)　　　　　　　(b) 图 2-16　将装有试样的量筒放入恒温浴
测量试样温度	(1)用清洗并干燥过的温度计自上而下垂直旋转运动搅拌试样,使整个量筒中试样的密度和温度达到均匀 (2)读取温度计读数并记录 (3)从量筒中取出温度计,并用脱脂棉自下而上擦干

操作步骤	技术要点
选取密度计	(1)选取合适量程的密度计,由小往大选,如图 2-17,用手拿密度计的上部干管(细管)最高刻线以上部分,密度计铅球底部自然朝下,不可横着拿细管的一端,如图 2-18 (2)如发现密度计的分度标尺位移,玻璃有裂纹等现象,应立即停止使用 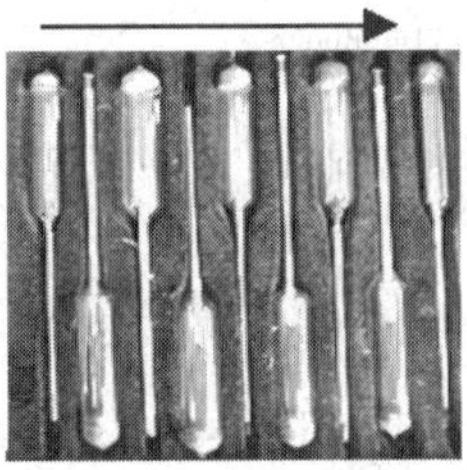 图 2-17 密度计由小到大 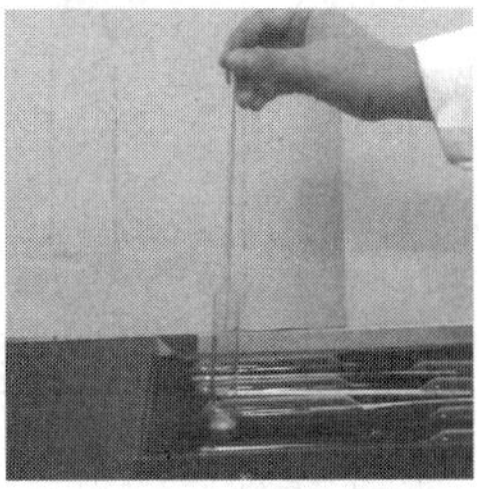　　图 2-18 拿取密度计
测量试样密度	(1)选用合适量程的密度计后,轻轻放入液体中,达到平衡位置时放开,让密度计自由漂浮,要注意避免弄湿液面以上的干管,保证液面以上干管浸湿不超过两个最小分度值 (2)密度计平衡后,把密度计按到平衡点以下 1mm 或 2mm,松开手指,并让它回到平衡位置,如图 2-19 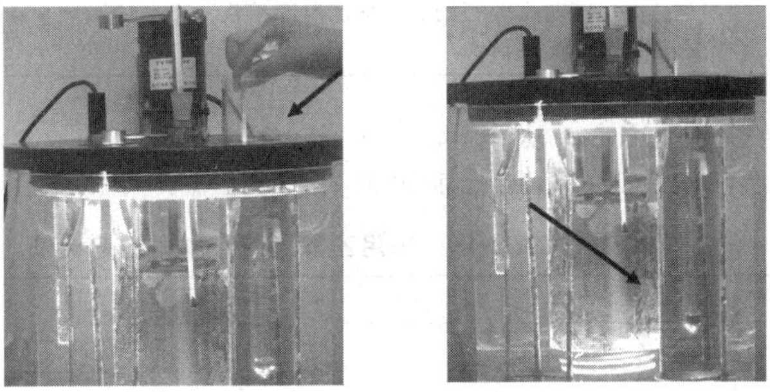 (a)　　　　　　(b) 图 2-19 测量试样密度
读取试样密度	(1)柴油属于透明试样,先使眼睛稍微低于液面位置,慢慢地升到表面,看到一个不正的椭圆,然后变成一条与密度计刻度相切的直线,密度计读数为液体主液面与密度计刻度相切的那一点,如图 2-20 (2)读取密度计读数,读到最接近刻度间隔的 1/5 (3)密度计分度标尺上密度较大的分度位于该标尺的下部,密度较小的分度,位于上部 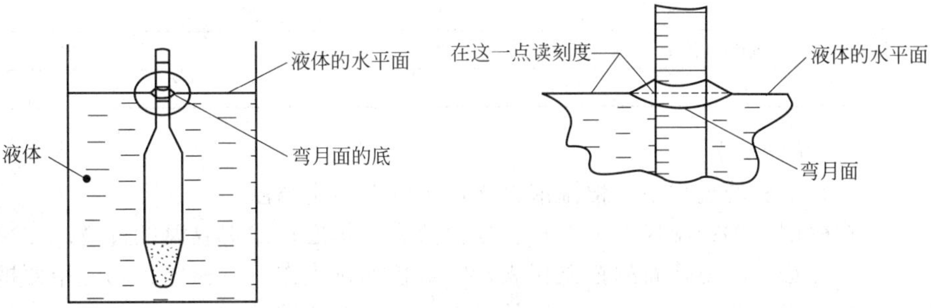 图 2-20 透明液体的密度计刻度读数 (4)测定不透明液体,使眼睛稍高于液面的位置观察。密度计读数为液面弯月上缘与密度计刻度相切的那一点,如图 2-21

图 2-17 中标注:密度计由小到大

图 2-20 标注:液体的水平面、弯月面的底、液体、在这一点读刻度、液体的水平面、弯月面

续表

操作步骤	技术要点
读取试样密度	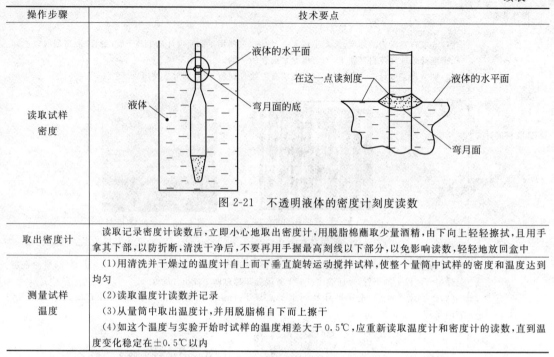 图 2-21 不透明液体的密度计刻度读数
取出密度计	读取记录密度计读数后,立即小心地取出密度计,用脱脂棉蘸取少量酒精,由下向上轻轻擦拭,且用手拿其下部,以防折断,清洗干净后,不要再用手握最高刻线以下部分,以免影响读数,轻轻地放回盒中
测量试样温度	(1)用清洗并干燥过的温度计自上而下垂直旋转运动搅拌试样,使整个量筒中试样的密度和温度达到均匀 (2)读取温度计读数并记录 (3)从量筒中取出温度计,并用脱脂棉自下而上擦干 (4)如这个温度与实验开始时试样的温度相差大于 0.5℃,应重新读取温度计和密度计的读数,直到温度变化稳定在±0.5℃以内

（二）数据记录方法

车用乙醇汽油密度测定数据记录如表 2-15。

表 2-15 车用乙醇汽油密度测定记录单

样品名称		分析时间	
检测依据	GB/T 1884—2010		
试验次数	1		2
密度计号			
视密度/(g/cm³)			
密度计补正值/(g/cm³)			
补正后密度/(g/cm³)			
温度计号			
温度计补正值/℃			
实际温度/℃			
标准密度/(g/cm³)			
分析人			

（三）经验分享

（1）在实验的过程中,恒温浴缸无法恒定在指定温度。

分析原因：①控温仪表损坏；②控温仪表不精准；③室温温度过高。

解决办法：①更换新的控温仪表；②对控温仪表进行自整定；③使用便携式压缩机制冷调温,恒温浴试验温度与设定温度偏差在±0.25℃范围内。

（2）读取密度计读数时,发现密度计杆管弯月面形状改变。

分析原因：密度计杆管表面清洗擦拭不干净。

解决办法：清洗擦拭密度计杆管,自下而上轻轻擦拭,并重复此项操作直到弯月面形状保持不变。

（3）在实验过程中，密度计杆管折断。

分析原因：拿取密度计时，横着拿密度计杆管的一端。

解决办法：密度计易碎，使用过程中轻拿轻放，切勿横着拿密度计杆管部分，以防折断。

（4）在测试过程中，密度计杆管浸湿超过两个最小分度，观测杆管弯月面不清楚。

分析原因：测试时操作有误，没有将密度计轻轻放入液体中，且达到平衡位置时，将其按到平衡点以下位置过深。

解决办法：选用合适量程的密度计后，轻轻放入液体中，达到平衡位置，按到平衡点以下 1mm 或 2mm，松开手指，让密度计自由漂浮。

（5）在测试过程中，密度计贴靠量筒内壁，可轻轻旋转，等待其平衡。

（6）在测试过程中，密度计底部与量筒底部间距不足 25mm。

分析原因：①试样量取少；②密度计选取过大。

解决办法：①可向量筒内注入试样，或用移液管吸出适量的试样，反复调节；②选取量程较小的密度计，重新实验。

【任务评价】 <<<—

一、计算

GB/T 1884—2010 规定，对于透明试样，用 GB/T 1885—98《石油计量表》把视密度换算成标准密度。视密度与标准密度换算可按式(2-4)。

二、精密度

1. 重复性

在温度范围为 −2～24.5℃时，同一操作者用同一仪器在恒定的操作条件下，对同一试样重复测定两次，结果之差要求如下：透明低黏度试样，不应超过 0.0005g/mL；不透明试样，不应超过 0.0006g/mL。

2. 再现性

在温度范围为 −2～24.5℃时，由不同实验室提出的两个结果之差要求如下：透明低黏度试样，不应超过 0.0012g/mL；不透明试样，不应超过 0.0015g/mL。

三、报告

取重复测定两次结果的算术平均值，作为试样的密度。密度最终结果报告到 0.0001g/mL（0.1kg/m³），20℃。

四、考核评价

考核时限为 25min，其中准备时间 5min，操作时间 20min。从正式操作开始计时。提前完成操作不扣分，超过规定操作时间按规定标准评分。违章操作或出现事故停止操作。车用乙醇汽油密度测定操作考核内容、考核要点、评分标准见表 2-16。

表 2-16　车用乙醇汽油密度测定评分记录表

班级		学号		姓名		测定时间	
序号	考核内容	考核要点	配分	评分标准		扣分	得分
1	选择并清洁仪器	量筒选择正确	3	选择不当，扣 3 分			
		所用仪器要清洁干净	2	仪器不清洁干净，扣 3 分			
2	取油样	将油样摇匀	5	油样未摇匀，扣 5 分			
		倒入量筒	5	溅失、未除气，扣 5 分			
		放置量筒	5	不垂直扣 2 分、有空气流动扣 3 分			

序号	考核内容	考核要点	配分	评分标准	扣分	得分
3	测定	量油温	6	未搅拌、油温记录不准确,扣6分		
		温度计水银线未保持全浸	4	温度计水银线未保持全浸,扣6分		
		放入密度计,将密度计压入液体中两个刻度再放开,尽量减少干管上残留液	6	手法不正确扣3分 残留液过多扣3分		
		放开密度计时要轻轻转动,避免靠量筒壁,静止,等待气泡上升,除泡	8	未转动扣2分,靠壁扣2分,未等气泡消失读数扣2分,未除气泡扣2分		
		取出密度计,读油温	8	未取出、油温记录不准确扣4分		
		两次油温之差	10	若大于0.5未重新测定扣10分		
4	按操作顺序操作		2	未按操作规程顺序操作扣2分		
5	记录、计算	记录填写正确及时,无更改	22	填写不正确,一处错误扣0.5分,全不正确不得分		
		补正正确		补正正确,2分		
		查表正确		查表正确,2分		
		有效数字修约正确		有效数字修约正确,2分		
		如实填写数据		如实填写数据,10分		
6	分析结果	精密度符合标准要求	4	精密度符合标准要求,2分		
		准确度符合标准要求		准确度符合标准要求,2分		
7	实验管理	着装符合化验员要求	8	着装符合化验员要求,2分		
		台面整洁,仪器摆放整齐		台面整洁,仪器摆放整齐,2分		
		废液正确处理		废液正确处理,2分		
		器皿完好		器皿完好,2分		
8	安全文明	按国家或企业颁布的有关规定执行	2	按国家或企业颁布的有关规定执行,2分		
9	考核时限	在规定时间内完成		按规定时间完成,每超时1min,从总分中扣5分,超时3min停止操作		
合计			100			

【拓展训练】 <<<——

一、选择题

(1) 用同一支密度计测定油品密度,则下列说法正确的是____。

A. 相同条件下,浸入越多密度越小　　　B. 相同条件下,浸入越多密度越大

C. 浸入越多密度越小　　　　　　　　　D. 浸入越多密度越大

(2) 在密度测定试验期间,若环境温度变化大于____℃时,要使用恒温浴。

A. 1　　　　　　　B. 2　　　　　　　C. 3　　　　　　　D. 4

(3) 我国规定____℃时,石油及液体石油产品的密度为其标准密度。

A. 10　　　　　　B. 15　　　　　　C. 20　　　　　　D. 25

(4) 测定油品密度时,前后两次试样温度不应超过____℃。

A. ±0.5　　　　　B. ±1.0　　　　　C. ±1.5　　　　　D. ±2.0

(5) 测定油品密度时,试样注入量为量筒容积的____%。

A. 50　　　　　　B. 60　　　　　　C. 70　　　　　　D. 80

(6) 测定油品密度时,密度计底部与量筒底部的间距至少____mm。

A. 20　　　　　　B. 25　　　　　　C. 30　　　　　　D. 35

(7) 在密度计干管上,以纯水在4℃时的密度1g/mL作为标准刻制度,因此在其他

温度下的测量值仅是密度计读数，并不是该温度下的密度，故称为_____。

A. 相对密度　　　B. 标准密度　　　C. 绝对密度　　　D. 视密度

（8）石油产品的密度随温度变化而变化，温度升高，油品密度_____。

A. 上升　　　　　B. 下降　　　　　C. 不变化　　　　D. 无法确定

（9）密度的国际标准计量单位是_____。

A. g/cm^3　　　B. kg/L　　　C. g/m^3　　　D. kg/m^3

（10）GB/T 1884—2010《石油和液体石油产品密度测定法》要求对原油样品要加热到____。

A. 高于倾点3℃　　B. 高于浊点3℃　　C. 20℃　　　D. 室温

（11）GB/T 1884—2010《石油和液体石油产品密度测定法》要求，测定透明样品密度时，密度计读数为_____与密度计相切的一点。

A. 液体主液面　　B. 液体弯月面上缘　　C. 液体弯月面下缘　　D. 以上均可

（12）石油产品的密度和其烃类组成有关，同碳原子数烃的密度大小顺序是_____。

A. 芳烃＞烷烃＞环烃　　　　　B. 芳烃＞环烃＞烷烃

C. 烷烃＞环烃＞芳烃　　　　　D. 烷烃＞芳烃＞环烃

二、简答题

（1）试样注入量是多少？如有气泡如何处理？

（2）测量温度时应注意什么？

（3）在测量未知油样时，如何选择密度计？

（4）如何读取试样密度？

（5）测量时，前后两次测温之差不应大于多少？

（6）密度计法测定液体石油产品密度原理是什么？

（7）使用石油密度计时应注意哪些事项？

参考答案

一、选择题

（1）A；（2）B；（3）C；（4）A；（5）C；（6）B；（7）D；（8）B；（9）D；（10）C；（11）A；（12）B

二、简答题

（1）试样注入量为量筒容积的70%左右。如有气泡，要用清洁的滤纸除去气泡。

（2）在整个试验期间，若环境温度变化大于2℃，要使用恒温浴，避免测定温度变化过大。

（3）密度计的量程由小往大选。

（4）对于透明低黏度试样，要将密度计压入液体中约两个刻度，放开，待其稳定后读数，先使眼睛稍低于液面位置，慢慢地升到液面，先看到一个不正的椭圆，然后变成一条与密度计刻度相切的直线，读取液体下弯月面（液体主液面）与密度计干管相切的刻度作为检定标准。

对于不透明黏稠试样，使眼睛稍高于液面位置观察，读取液体上弯月面（上缘）与密度计干管相切的刻度作为检定标准。

（5）测量时，前后两次测温之差不应大于0.5℃。

（6）其理论基础是阿基米德定律。当密度计浸入液态油品中，平衡后，其所受浮力即等于其所排开油品的质量。

（7）①密度计在使用前必须全部擦拭干净，擦拭后不要再握最高分度线以下各部，以免影响读数。②测定密度用盛试油的量筒，其直径应较密度计扩大部分躯体的直径大一倍，以免密度计与量筒内壁擦碰，影响准确度；其长度也应适当，以避免由于量筒过短，使密度计沉至底部，不能测出读数。③将密度计浸入试油时，不许用手把密度计向下推。应轻轻缓放，以防止密度计一下子沉到底部，碰破密度计。④读数位置无论是测定透明和深色的油品，均按液面上边缘读数，在读数时眼睛与液面上边缘必须成同一水平。⑤切勿横着拿取密度计的细管一端，以防折断。⑥如发现密度计的分度标尺位移，玻璃有裂纹等现象，应立即停止使用。⑦试样内或其表面存在空气泡时，会影响读数，在测定前应先消除气泡。⑧测定混合油密度时，必须搅拌均匀。⑨记完密度计的读数后应立即把当时的温度记下。

项目三　车用乙醇汽油水溶性酸及碱的测定

M3-1

【任务介绍】<<<—

发现油箱腐蚀，需要检测油品是否含有水溶性酸及碱。

【任务分析】<<<—

油品中存在水溶性酸或碱，都会对油箱产生腐蚀。请按照 GB/T 259—88《石油产品水溶性酸及碱测定法》，检测油样水溶性酸及碱。

教学任务：在规定时间内检测车用乙醇汽油中的水溶性酸及碱。

教学重点：掌握石油产品水溶性酸及碱测定法（GB/T 259—88）。

教学难点：分液漏斗的使用和判断指示剂变色情况。

【任务实施】<<<—

一、知识准备

（一）基本概念

石油产品中的水溶性酸碱（water-soluble acid base）是指油品在加工、运输、储存过程中，从外界混入其中的可溶于水的无机酸和无机碱。

通常原油及其馏分油中几乎不含有水溶性酸碱，多为油品在酸碱精制过程中因脱除不净而残留的无机酸或无机碱。

水溶性酸主要为矿物酸，即硫酸及其衍生物（磺酸、酸性硫酸酯），腐蚀金属设备。

水溶性碱主要为矿物碱，即氢氧化钠（苛性钠）、碳酸钠和碳酸铝等。

（二）测定方法

用蒸馏水或乙醇水溶液抽提试样中的水溶性酸、碱，然后分别用甲基橙或酚酞指示剂检查抽出溶液颜色的变化情况，或用酸度计测定抽提物的 pH 值，以判断油品中有无水溶性酸、碱的存在。

（三）测定意义

1. 判断油品的腐蚀性

油品若含有水溶性酸或碱，那么在加工、使用、运输或储存过程中，会腐蚀与其接触的金属设备和机件。水溶性酸几乎腐蚀所有金属，有水存在时腐蚀更严重；水溶性碱对有色金属，特别是铝质零件腐蚀性强。例如，汽油中若有水溶性碱时，汽化器的铝制零件易生成氢氧化铝胶体，堵油路、滤清器及油嘴。

2. 油品的重要质量指标

在成品油出厂前，严格控制水溶性酸、碱指标，发现有微量的水溶性酸、碱，都认为产品不合格，绝不允许出厂。油品中的水溶性酸、碱的存在，会引起油品氧化、分解和胶化，降低油品安定性，使油品老化。

3. 指导生产

通常原油及其馏分油中几乎不含有水溶性酸碱，如果有水溶性酸、碱存在，表明油品经酸碱精制处理后，酸没有被完全中和或间隙后用水冲洗得不完全。需要优化工艺条件，以利于生产优质产品。

二、仪器准备

车用乙醇汽油水溶性酸碱测定实验所需主要仪器设备见图 2-22。

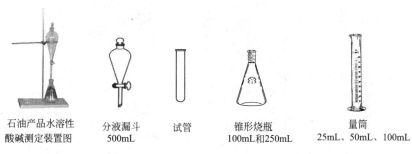

石油产品水溶性　　分液漏斗　　试管　　锥形烧瓶　　量筒
酸碱测定装置图　　500mL　　　　　　100mL和250mL　25mL、50mL、100mL

图 2-22　车用乙醇汽油水溶性酸碱测定仪器

GB/T 259—1988《石油产品水溶性酸及碱测定法》要求试管直径 15～20mm、高度 140～150mm，无色玻璃。

三、试剂准备

车用乙醇汽油水溶性酸、碱测定实验所需试剂见表 2-17。

表 2-17　车用乙醇汽油水溶性酸、碱测定试剂

试剂	用量	注意事项
车用乙醇汽油	50mL	将试样置入玻璃瓶中,不超过其容积的四分之三,充分摇匀。以防水溶性酸、碱沉积在盛样容器的底部
甲基橙	5mL	配成 0.02%甲基橙水溶液。称取 0.10g 甲基橙,溶于 70℃的热水中,冷却,稀释至 500mL
酚酞	5mL	配成 1%酚酞-乙醇溶液。取 1g 酚酞,用 95%乙醇溶解,并稀释至 100mL,无需加水
乙醇 95%分析纯	60mL	95%乙醇溶液必须用甲基橙或酚酞指示剂,或酸度计检验呈中性后,方可使用
蒸馏水	60mL	符合 GB/T 6682《分析实验室用水规格和试验方法》中三级水规定

四、实验步骤

M3-2

(一) 操作技术要点

车用乙醇汽油水溶性酸碱测定的步骤为：取样→摇动分液漏斗→静止分层→取抽提液→用指示剂滴定等五步。操作技术要点如表2-18。

表 2-18　车用乙醇汽油水溶性酸碱测定的操作步骤和技术要点

操作步骤	技术要点
取样	(1)将车用乙醇汽油试样充分摇匀 (2)将50mL车用乙醇汽油和50mL蒸馏水分别倒入分液漏斗中 (3)倒入先后顺序，标准中无要求。建议先倒入50mL车用乙醇汽油，再倒入50mL蒸馏水倒入分液漏斗中。这样可形成逆流接触，更易抽提 (4)倒入试样时，注意分液漏斗颈上的小圆口朝上，考克关闭状态，以防漏液
摇动分液漏斗	(1)取样后盖好活塞，不可将分液漏斗上面的玻璃塞豁口对准分液漏斗颈上的小圆口，以防漏液 (2)将分液漏斗中的实验溶液，轻轻地前后有规律地摇动5min。摇动时手握考克和活塞，防止掉落，或松动漏液。如图2-23 (3)摇动中要不时地旋开活塞放气，避免摇动过程中会产生气体，如不放气可能崩开顶盖。放气时出口斜向上，且不能对着其他人员，如图2-24 图 2-23　摇动分液漏斗　　　图 2-24　旋开活塞放气
静止分层	(1)将分液漏斗放置于铁架台上静止，等待混合液澄清分层，如图2-25 (2)如下层澄清液有油包水现象，可用热水热熏分液漏斗外侧。直至油包水消失 (3)当用水抽提水溶性酸或碱产生乳化现象时，需用50～60℃呈中性的95%乙醇与水按1:1配制的溶液代替蒸馏水作抽提剂，分离试样中的酸、碱 图 2-25　静置分层
取抽提液	(1)待分液漏斗中液体澄清分层后，旋转分液漏斗上端磨口塞对准排气口，放出下部水层，经漏斗过滤后，收集到锥形烧瓶中即为抽提液 (2)分别取抽提液1～2mL滴入两个试管中，待分析用
用指示剂滴定	(1)另取一只空试管装入与抽提液同等体积的蒸馏水，做空白对比，如图2-26 (2)在第一支装有抽提液的试管和第三支装有蒸馏水的试管中分别加入2滴甲基橙溶液，进行对比，判断颜色变化，如果抽提物呈玫瑰色，则表示所测试样中有水溶性酸存在 (3)在第二支装有抽提液的试管中加入3滴酚酞溶液。如果抽提液呈玫瑰色或红色时，则表示有水溶性碱存在 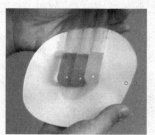图 2-26　对比颜色

（二）数据记录方法

车用乙醇汽油水溶性酸及碱测定记录单如表 2-19。

表 2-19　水溶性酸及碱测定记录单

样品名称		分析时间	
检测依据	GB/T 259—88		
试管	1 号试管（2mL 试样）		2 号试管（2mL 试样）
试剂	甲基橙 2 滴		酚酞 3 滴
显色			
结果			
分析人			

（三）经验分享

（1）实验过程中，分液漏斗漏液。

分析原因：①玻璃塞和活塞与分液漏斗不匹配；②玻璃塞和活塞不紧密。

解决办法：①玻璃塞和活塞必须用棉线绑住；②应脱下活塞，用纸擦净活塞及活塞孔道的内壁，然后，用玻璃棒蘸取少量凡士林，在活塞两边抹上一圈凡士林，注意不要抹在活塞的孔中，插上活塞，反时针旋转至透明时，即可使用；③分液漏斗上口玻璃塞上的豁口没有对准分液漏斗上口边缘小孔。

（2）在准备仪器设备时，分液漏斗的玻璃塞和活塞粘住，无法拿下和旋转。

分析原因：在上次实验结束后，没有清洗干净，且没有垫纸片。

解决办法：分液漏斗用过后应刷洗干净，且玻璃塞和活塞上垫上纸片。

（3）实验时，分液漏斗内液体无法流下或流淌不顺畅。

分析原因：①分液漏斗活塞孔堵塞；②上口玻璃塞上的豁口没有对准分液漏斗上口边缘小孔。

解决办法：①分液漏斗上口玻璃塞打开后（或玻璃塞上的豁口对准分液漏斗上口边缘小孔）；②脱下活塞，用尖细物品疏通活塞孔。

（4）试验过程中，分液漏斗中的试样与水混合时，形成不易分层的乳浊液，发生了乳化现象。

分析原因：①由于油品中残留的皂化物所造成的；②仪器使用前未清洗干净、烘干。

解决办法：①这种试样一般呈碱性，可用 50～60℃呈中性的乙醇水溶液（1∶1）做抽提溶剂，消除乳化现象，达到油水分离的目的，分离试样中的酸或碱；②清洗仪器，重新试验。

（5）同一试样，两组人员分析结果有误差。

分析原因：①取样前试样没有充分摇匀，导致水溶性酸或碱沉积在盛样容器的底部；②试验所用的容器（分液漏斗、试管等）未清洗干净。

解决办法：①重新取样，充分摇匀；②清洗仪器，重新试验。

【任务评价】 <<<——

一、报告

加入 2 滴甲基橙溶液，如果抽提物呈玫瑰色，则表示所测石油产品中有水溶性酸存在；加入 3 滴酚酞溶液，如果溶液呈玫瑰色或红色，则表示有水溶性碱存在。

当抽提物用甲基橙（或酚酞）为指示剂，没有呈现玫瑰色（或红色）时，则认为没有水溶性酸、碱。

二、考核评价

考核时限为50min，其中准备时间5min，操作时间45min。从正式操作开始计时。提前完成操作不扣分，超过规定操作时间按规定标准评分。违章操作或出现事故停止操作。车用乙醇汽油水溶性酸及碱测定操作考核内容、考核要点、评分标准见表2-20。

表2-20 水溶性酸、碱测定评分记录

班级		学号		姓名		测定时间	
序号	考核内容	考核要点	配分	评分标准		扣分	得分
1	准备工作	选择药品器具	10	少选、错选一件扣1分			
		分液漏斗试漏		未试漏扣5分			
2	准备试样	试样预先摇匀5min（以现场要求为准）	5	时间不够扣5分			
3	取样	试样、蒸馏水量准确	30	取样不准扣10分			
		摇动萃取5min（以现场要求为准）		时间不够扣5分；乳化扣5分			
		静止分层放出水层		分离不完全扣5分			
		滤纸过滤入锥形瓶		未过滤扣5分			
4	测定	向两个试管分别放滤液1~2mL	30	体积不对扣5分			
		向第三支试管同样加蒸馏水和2滴甲基橙溶液		加入错误扣5分			
		向第一支试管加入2滴甲基橙溶液与第三支试管比较，玫瑰色判定存在水溶性酸		判断错误扣10分			
		向第二支试管加入3滴酚酞溶液，红色判定水溶性碱		判断错误扣10分			
5	记录	按颜色报告有水溶性酸及碱	20	判断结果错误扣10分			
		记录填写正确及时，无更改，无涂改		记录填写不及时扣2分；涂改扣2分；更改扣2分			
		如实填写数据		有意篡改数据扣5分			
6	实验管理	台面整洁，仪器摆放整齐	5	不整洁，不整齐，扣2分			
		废液正确处理		废液处理不当扣2分			
		器皿完好		操作中打碎器皿扣1分			
7	安全文明操作	按国家或企业颁布的有关规定执行		每违反一项规定从总分中扣5分；严重违规取消考核			
8	考核时限	在规定时间内完成		到时停止操作考核			
	合计		100				

【拓展训练】<<<——

一、选择题

（1）水溶性酸、碱测定时，若试样与蒸馏水混合形成难以分离的乳浊液时，则用来抽提试样中酸、碱的溶剂是____。

A. 异丙醇　　　 B. 正庚烷　　　 C. 95%乙醇水溶液　　 D. 乙醇

（2）石油产品中的水溶性酸及碱指的是____。

A. 油品在加工、储运过程中从外界混入的　　 B. 可溶于水的

C. 难溶于水的　　　　　　　　　　　　　D. 无机酸和碱

（3）测定石油产品水溶性酸、碱时，当试样与蒸馏水混合易于形成难以分离的乳浊液时，需用 50～60℃____ 的 95％乙醇水溶液作抽提溶剂来分离试样中的酸、碱。

A. 2∶1　　　　　　B. 1∶1　　　　　　C. 1∶2　　　　　　D. 3∶1

（4）测定石油产品水溶性酸、碱时，当试样与蒸馏水混合易于形成难以分离的乳浊液时，需用____ ℃的 95％乙醇水溶液（1∶1）作抽提溶剂来分离试样中的酸、碱。

A. 50～60　　　　　B. 40～50　　　　　C. 30～40　　　　　D. 20～30

（5）水溶性酸碱指示剂是（双选）____ 。

A. 酚酞　　　　　　B. 甲基橙　　　　　C. 甲基红　　　　　D. 碱性蓝

（6）用指示剂检验水溶性酸碱时，向试管中加入试样____ mL。

A. 12　　　　　　　B. 10　　　　　　　C. 5　　　　　　　D. 1～2

二、简答题

（1）水溶性酸、碱的测定原理是什么？

（2）如何判断油品中有无水溶性酸、碱？

（3）测定汽油的水溶性酸、碱时是否需要预热？

（4）如果实验过程中，油品发生乳化现象如何处理？

（5）测定水溶性酸碱应注意哪些事项？

（6）测定水溶性酸碱的试样，规定加热及不加热的原因是什么？

参考答案

一、选择题

（1）C；（2）A；（3）B；（4）A；（5）AB；（6）D

二、简答题

（1）用蒸馏水与等体积的试样混合，经摇动在油、水两相充分接触的情况下，使水溶性酸、碱被抽提到水相中。分离分液漏斗下层的水相，用甲基橙、酚酞指示剂测定其 pH 值，判断试样中有无水溶性酸、碱的存在。

（2）用酸碱指示剂来判断试样中是否存在水溶性酸、碱的方法是：抽出溶液对甲基橙不变色，说明试样不含水溶性酸；若对酚酞不变色，则试样不含水溶性碱。

（3）汽油属于轻油，测定其水溶性酸、碱时不需要加热。

（4）当石油产品用水混合时，即用水抽提水溶性酸、碱产生乳化时，则用 50～60℃的 95％乙醇水溶液（1∶1）代替蒸馏水处理。

（5）①试样必须充分摇匀；②所用的试剂、蒸馏水、乙醇等必须呈中性反应；③所用仪器必须确保清洁、无水溶性酸碱等物质存在；④所加入的酚酞、甲基橙不能超过规定的滴数；⑤用 1∶1 乙醇水溶液代替蒸馏水时，最好不用甲基橙作为指示剂，因为甲基橙在乙醇水溶液中变色范围比在水溶液中的 pH 值 3.1～4.4 还要低，且酸在醇液中离解减弱，当抽出液呈微酸性时仍不变色；⑥用溶剂（如乙醚、苯等）稀释重油，并加热到一定温度，其目的是为了降低黏度和密度，以便能和水分离。但加热的温度必须比溶剂的沸点低。

（6）①将试样和蒸馏水分别加热至 50～60℃，因为油品的黏度和密度及大多数无机酸、碱与水的相互溶解度都与温度有关，规定加热 50～60℃为使水溶性酸、碱抽提完全，且利于油水分层。②在测定汽油、灯油、溶剂油和高温分解的轻质产品，对试样和水均不用加热，因为这些油的馏分比较轻，受热后挥发性大。黏度和密度比较小，水溶性酸及碱易抽出，油水易分层。

项目四　车用乙醇汽油铜片腐蚀试验

M4-1

【任务介绍】 <<←

储油罐内壁腐蚀，需要对油品做铜片腐蚀试验。

【任务分析】 <<←

铜片腐蚀试验是评价油品对金属的腐蚀程度的指标。油品的腐蚀性越强，铜片变色也越严重，说明油品含有腐蚀金属的活性硫化物或游离硫越多。按照 GB/T 5096—85(91)《石油产品铜片腐蚀试验法》，对油样做铜片腐蚀试验。

教学任务：在规定时间内测定车用乙醇汽油对铜片的腐蚀程度。

教学重点：掌握石油产品铜片腐蚀试验法 ［GB/T 5096—85(91)］。

教学难点：铜片试样的准备、准确判定铜片腐蚀等级。

【任务实施】 <<←

一、知识准备

（一）基本概念

金属材料与环境介质接触发生化学或电化学反应而被破坏的现象，称为金属腐蚀。

水溶性酸、碱，酸度（值）和硫含量等指标不能很好地反映实际应用场合中成品油对金属材料的腐蚀倾向，因此需要用银片、铜片等腐蚀试验来评价油品对金属材料的腐蚀性。

金属腐蚀不仅会引起金属表面色泽、外形发生变化，而且会直接影响其力学性能，降低有关仪器、仪表、设备的精密度和灵敏度，缩短其使用寿命，甚至导致重大生产事故，高温情况下，可能发生严重的烧蚀现象。

（二）测定方法

GB/T 5096—1985(1991)《石油产品铜片腐蚀试验法》的方法概要：把一块已磨光好的铜片浸没在一定量的试样中，并按产品标准要求加热到指定温度，保持一定的时间。待实验周期结束以后，取出铜片，经洗涤后与腐蚀标准色板进行比较，确定腐蚀级别。

（三）测定意义

1. 判断油品中是否含有能腐蚀金属的活性硫化物

对燃料来说，含硫化合物影响发动机的工作寿命。所有硫化物在汽缸内燃烧后都生成二氧化硫和三氧化硫，严重腐蚀高温区的零部件，还会与汽缸壁上的润滑油起反应，加速漆膜和积碳的形成。

2. 定性检查硫化物的脱除情况

如某些高硫分原油炼出的粗汽油含有硫化氢和低级硫醇，通常在管线里打碱液或用酸、碱精制法，使活性硫化物生成胶质叠合物而除去，用铜片腐蚀试验可以判断活性硫化物是否脱除完全。

3. 判断油品对金属腐蚀的可能性

　　油品在运输、储运和使用过程，都与金属接触。其中可能会含有水溶性酸碱和有机酸性物质以及含硫化合物，特别是油品中没有彻底清除的硫及其化合物对发动机及其他机械设备的腐蚀更严重。对燃料油来说，它与内燃机汽化和供油系统中的金属接触，除钢铁之外，尚有铜和铅合金、铝合金等，故要求铜片试验合格，这是燃料的重要指标。

二、仪器准备

　　车用乙醇汽油铜片腐蚀试验所需主要仪器设备见图 2-27。

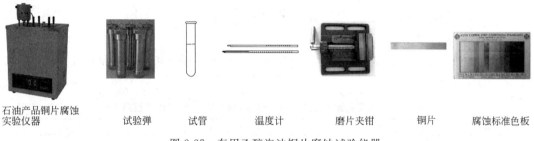

石油产品铜片腐蚀　　试验弹　　试管　　温度计　　磨片夹钳　　铜片　　腐蚀标准色板
实验仪器

图 2-27　车用乙醇汽油铜片腐蚀试验仪器

　　GB/T 5096—1985(1991)《石油产品铜片腐蚀试验法》仪器设备具体要求如下。

　　(1) 石油产品铜片腐蚀实验仪器　能维持在实验所需的温度，用支架支持实验弹保持垂直位置，并使整个实验弹能浸没在浴液中。用支架支持试管保持垂直，并浸没至浴液中约100mm 深度。

　　(2) 试验弹　不锈钢，能承受 689kPa 实验表压。主要用于测定航空汽油、喷气燃料易挥发试样用。

　　(3) 试管　长 150mm、外径 25mm、壁厚 1～2mm，在试管 30mL 处刻一环线。

　　(4) 温度计　全浸型、最小分度 1℃或小于 1℃，用于指示实验温度，所测温度点的水银线伸出浴介质表面应不大于 25mm。

　　(5) 磨片夹钳　供磨片时牢固地夹住铜片而不损坏边缘用。

　　(6) 观察试管　扁平型，在实验结束时，供检验用或在储存期间供盛放腐蚀的铜片用。

　　(7) 铜片　纯度大于 99.9% 的电解铜，宽为 12.5mm、厚为 1.5～3.0mm、长为75mm，全实验过程中，不得用手直接触摸铜片，以防腐蚀。

　　(8) 腐蚀标准色板　腐蚀标准色板是在一块铝薄板上印刷四色加工而成的，是由代表失去光泽表面和腐蚀增加程度的典型实验铜片组成。为了保护起见，这些腐蚀标准色板嵌在塑料板中。在每块标准色板的反面给出了腐蚀标准色板的使用说明。应避光存放。

三、试剂准备

　　车用乙醇汽油铜片腐蚀试验所需试剂有柴油试样、石油醚、砂纸、碳化硅、脱脂棉、滤纸，如表 2-21。

表 2-21　车用乙醇汽油铜片腐蚀试验试剂

试　剂	用　量	使用说明
柴油	90mL	①将试样置入玻璃瓶中，不超过其容积的 3/4，充分摇匀。以防水溶性酸、碱沉积在盛样容器的底部 ②试样要完全清澈、无悬浮水
石油醚	50mL	用于浸泡铜片
砂纸	1 张	①65μm(240 粒度)；②用于打磨铜片
碳化硅	适量	①105μm(150 目)；②用于磨光铜片
脱脂棉	适量	用于擦去铜屑或蘸取碳化硅砂粒
滤纸	适量	用于吸干铜片上的溶剂

四、操作步骤

M4-2

（一）操作技术要点

车用乙醇汽油铜片腐蚀试验步骤为：打磨铜片→取样→磨光铜片→开始试验→铜片的检查五步。操作要点如表 2-22。

表 2-22　车用乙醇汽油铜片腐蚀试验的操作步骤和技术要点

操作步骤	技 术 要 点
打磨铜片	(1)用 150 目砂纸把铜片六个面上的瑕疵去掉。用磨片夹钳夹住铜片，也可以用滤纸夹垫进行打磨，如图 2-28 (2)用定量滤纸擦去铜片上的金属屑，把铜片浸没在石油醚中 (a)　　　　　　　　　　　　　　(b) 图 2-28　打磨铜片
取样	取待测试样至试管环线处，用胶塞塞住，避光，待用
磨光铜片	(1)从石油醚中取出铜片，用无灰滤纸保护手指夹持铜片 (2)取一些 240 目的碳化硅砂粒放在玻璃板上，用 1 滴石油醚湿润，并用一块脱脂棉，蘸取砂粒 (3)用不锈钢镊子夹持铜片，千万不能接触手指。用沾在脱脂棉上的碳化硅砂粒磨光主要表面，要沿铜片的长轴方向磨。如图 2-29 (4)用一块干净的脱脂棉使劲地摩擦铜片，以除去所有金属屑，直到新脱脂棉不留污斑为止 (5)铜片擦净后，立即浸入已准备好的试样中 图 2-29　磨光铜片
开始试验	(1)将经过最后磨光干净的铜片在 1min 内浸入装有试样的试管中 (2)将铜片放入试管中时，要沿试管壁小心滑入 (3)用一个有排气孔(打一个直径为 2~3mm 小孔)的软木塞塞住试管 (4)将该试管放到 50℃±1℃的水浴中，恒温 180min±5min，如图 2-30 图 2-30　将试管放入水浴中

续表

操作步骤	技 术 要 点
铜片的检查	(1) 试验到规定时间后,从水浴中取出试管,将试管中的铜用不锈钢镊子立即取出,浸入石油醚中,洗去试样。如图 2-31 (2) 洗干净后,立即取出铜片,用定量滤纸吸干铜片上的洗涤溶剂 (3) 将铜片与腐蚀标准色板比较,检查变色或腐蚀迹象。比较时,将铜片及腐蚀标准色板对光线成 45°角折射的方式拿持,进行观察,如图 2-32  图 2-31 将铜片浸入石油醚中　　图 2-32 铜片与腐蚀标准色板比较

（二）数据记录方法

车用乙醇汽油铜片腐蚀试验数据记录单如表 2-23。

表 2-23 车用乙醇汽油铜片腐蚀试验记录单

样品名称		分析时间	
检测依据		GB/T 5096—85(91)	
试验次数	1		2
测定温度/℃			
开始时间	时　　分		时　　分
结束时间	时　　分		时　　分
结果			
分析人			

（三）经验分享

（1）在使用本铜片腐蚀实验仪器时,设定恒温浴温度,开始加热,发现温度持续升高,无法恒定。

分析原因：①控温仪表损坏；②设备辅助加热开关忘记关闭。

解决办法：①更换控温仪表；②通常只使用加热开关,而不使用辅助加热开关。如使用辅助加热开关,应在指定温度前 20℃ 左右关闭辅助加热开关,以防升温速度过快,无法恒定温度。

（2）在实验恒温过程中,试管上的软木塞忽然崩开。

分析原因：软木塞没有排气孔,且塞得过紧。

解决办法：用一个有排气孔（打一个直径为 2～3mm 小孔）的软木塞轻轻塞住试管口。

（3）铜片检查时,将铜片及腐蚀标准色板对光线成 45° 折射的方式拿持,进行观察时,发现铜片上有手纹印记。

分析原因：在铜片准备的过程中,用手拿持或触碰铜片了。

解决办法：在试验全过程均不用手触碰铜片,可用镊子或滤纸。

（4）在没有符合 GB/T 5096—85（91）的铜片腐蚀实验仪器时,可选用能维持实验所需温度的通用恒温水浴锅,用支架支持试管或实验弹保持垂直位置,并能使其浸没至浴液中约 100mm 深度。

【任务评价】 <<<←—

一、结果表示

GB/T 5096—85(91) 要求，按表 2-24 中或标准腐蚀色板所列的腐蚀标准色板的分级中，确认一个腐蚀级来表示试样的腐蚀性。

表 2-24　铜片腐蚀标准色板的分级

级　别	名　称	说　明①
新磨光的铜片②	—	—
1	轻度变色	a 淡橙色，几乎与新磨光的铜片一样 b 深橙色
2	中度变色	a 紫红色 b 淡紫色 c 带有淡紫蓝色或银色，或两种都有，并分别覆盖在紫红色上的多彩色 d 银色 e 黄铜色或金黄色
3	深度变色	a 洋红色覆盖在黄铜色上的多彩色 b 有红和绿显示的多彩色(孔雀绿)，但不带灰色
4	腐蚀	a 透明的黑色、深灰色或仅带有孔雀绿的棕色 b 石墨黑色或无光泽的黑色 c 有光泽的黑色或乌黑发亮的黑色

① 铜片腐蚀标准色板由表中说明的色板所组成。

② 此系列中的新磨铜片仅作为实验前磨光铜片的外观标志。即使使用一个完全无腐蚀性的试样进行实验后，也不能重现这种外观。

① 当铜片是介于两种相邻的标准色板之间的腐蚀级时，则按其变色严重的腐蚀级判断试样。当铜片出现有比标准色板中 1b 还深的橙色时，则认为铜片仍属 1 级，但是，如果观察到有红颜色时，则所观察的铜片判断为 2 级。

② 2 级中紫红色铜片可能被误认为黄铜色完全被洋红色的色彩所覆盖的 3 级。为了区别这两个级别，可以把铜片浸没在洗涤溶剂中。2 级会出现一个深橙色，而 3 级不变色。

③ 为了区别 2 级和 3 级中多种颜色的铜片，把铜片放入试管中，并把这支试管平躺在 315~370℃ 的电热板上 4~6min。另外用一支试管，放入一支高温蒸馏用温度计，观察这支温度计的温度来调节电炉温度。如果铜片呈现银色，然后再呈现为金色，则认为铜片属 2 级。如果铜片出现如 4 级所述透明的黑色及其他各色，则认为铜片属 3 级。

④ 在加热浸提过程中，如果发现手指印或任何颗粒或水滴而弄脏了铜片，则需要重新进行试验。

⑤ 如果沿铜片的平面的边缘棱角出现一个比铜片大部分表面腐蚀级还要高的腐蚀级别的话，则需要重新进行试验。这种情况大多是在磨片时磨损了边缘而引起。

二、结果判断

如果重复测定的两个结果不相同，则重新进行试验。当重新试验的两个结果仍不相同时，则按变色严重的腐蚀级来判断试样。

三、报告

按表中级别中的一个腐蚀级别报告试样的腐蚀性，并报告试验时间和试验温度。

四、考核评价

考核时限为 200min，其中准备时间 5min，操作时间 195min。从正式操作开始计时。提前完成操作不扣分，超过规定操作时间按规定标准评分。违章操作或出现事故停止操作。车用乙醇汽油铜片腐蚀试验测定操作考核内容、考核要点、评分标准见表 2-25。

表 2-25　车用乙醇汽油铜片腐蚀实验评分记录

班级		学号		姓名			测定时间	

序号	考核内容	考核要点	配分	评分标准	扣分	得分
1	铜片处理	用砂纸对铜片进行表面处理	8	对砂纸选择错误扣4分 未以旋转动作摩擦扣4分		
		不允许用手触摸	4	用手触摸扣4分		
		将铜片进行最后磨光	8	未用150目砂纸磨光扣4分 磨时未沿铜片长轴方向扣4分		
2	取样测定	取油样	2	油样过满扣2分		
		将磨光的铜片放入油样	2	未用镊子放入扣2分		
		放置过程时间符合要求	3	超过1min扣3分		
		用软水塞塞住试管	2	未用带孔软水塞塞住试管扣2分		
		在(50±1)℃恒温浴中放置3h±5min	10	放置时间不对扣5分 浴温不准确扣5分		
		铜片取出	2	不用镊子取样扣2分		
		浸入洗涤剂中,洗去试样	3	不浸入溶剂中直接擦铜片扣3分		
		吸干铜片上洗涤溶液	4	未用滤纸吸干扣4分		
3	按操作规程顺序操作		2	未按操作规程顺序操作扣2分		
4	判定结果	比较铜片的腐蚀程度	5	比较时拿铜片的方式不正确扣5分		
		判断试样的腐蚀性	10	结果判断错误扣10分		
5	记录	记录填写正确及时,无杠改,无涂改	10	填写不正确,一处错误扣0.5分,全不正确不得分 记录不及时,一处扣0.5分 一处杠改扣0.5分 一处涂改扣1分		
		如实填写数据		有意凑改数据扣5分,从总分中扣除		
6	分析结果	精密度符合标准要求	20	不符合标准规定扣10分		
		准确度符合标准要求		不符合标准规定扣10分		
7	实验管理	着装符合化验员要求	5	未按要求着装1处扣1分		
		台面整洁,仪器摆放整齐		台面不整洁,仪器摆放不整齐,一处扣1分		
		废液正确处理		废液处理不当一次扣1分		
		器皿完好		操作中打碎器皿一件扣1分		
8	安全文明操作	按国家或企业颁布的有关规定执行		违规操作一次从总分中扣除5分,严重违规停止本项操作		
9	考核时限	在规定时间内完成		按规定时间完成,每超时1min,从总分中扣5分,超时3min停止操作		
	合计		100			

【拓展训练】◀◀◀—

一、选择题

(1) 铜片腐蚀试验对温度和时间的要求是 (　　)。

A. 一定温度、不一定时间　　　　B. 不一定温度、一定时间

C. 一定温度、一定时间　　　　　D. 时间温度均不固定

(2) 贮存会使铜片轻度变暗的试样,一般应用 (　　)。

A. 干净、深色玻璃瓶　　　　　　B. 塑料瓶

C. 干净、白色玻璃瓶　　　　　　D. 不影响腐蚀性的合适容器

(3) 润滑油的铜片腐蚀测定如果在改变了的试验时间和温度条件下进行,一般以

（　　）℃为一个平均增量提高温度。

A. 20　　　　　B. 10　　　　　C. 30　　　　　D. 40

（4）测定铜片腐蚀，要求将铜片在（　　）内浸入试管的试样中。

A. 30s　　　　　B. 1min　　　　　C. 45s　　　　　D. 1min 30s

（5）下列操作，属于航空汽油铜片腐蚀测定步骤的是（　　）。

A. 试样倒入试管 30mL 处　　　　　B. 将铜片浸入试样中

C. 用软木塞塞住试管　　　　　D. 把试管滑入试验弹中

（6）测定燃料油的铜片腐蚀，要求试管在浴中放置（　　）h 5min。

A. 4　　　　　B. 3　　　　　C. 2　　　　　D. 1

（7）下列关于柴油铜片腐蚀测定的叙述，正确的是（　　）。

A. 试验过程中要防止强烈的光线　　　　　B. 与煤油测定在浴中放置时间不同

C. 与煤油测定浴温度不同　　　　　D. 试验中无须防止光线

（8）测定液化石油气铜片腐蚀时，水浴温度应恒定在（　　）℃。

A. 40±0.2　　　B. 40±0.5　　　C. 50±0.2　　　D. 50±0.5

（9）测定液化石油气铜片腐蚀时，应将圆筒在水浴中放置（　　）h。

A. 1　　　　　B. 2　　　　　C. 3　　　　　D. 4

（10）测定液化石油气铜片腐蚀，若试验后铜片呈现（　　）色，则判定为1级。

A. 深橙　　　　　B. 淡紫　　　　　C. 银　　　　　D. 金黄

（11）测定液化石油气铜片腐蚀，若试验后铜片呈现由红和绿显示的多彩色，但不是灰色，则试验结果判定为（　　）级。

A. 1　　　　　B. 2　　　　　C. 3　　　　　D. 4

二、判断题

（1）GB 5096 适用于测定雷德蒸气压不大于 134kPa 的烃类、溶剂油等石油产品的铜片腐蚀程度。（　　）

（2）贮存测定铜片腐蚀的试样，为了安全，可采用镀锡铁皮容器。（　　）

（3）测定铜片腐蚀，比较铜片要求铜片和腐蚀标准色板对光线成45°角折射。（　　）

（4）测定柴油铜片腐蚀时，试管的内容物在试验过程中要防止强烈的光线。（　　）

（5）测定柴油的铜片腐蚀与测定煤油的铜片腐蚀相比，只有在浴中放置的时间不同。（　　）

（6）铜片腐蚀用试验弹在每次使用前都应该试漏。（　　）

（7）对于铜片腐蚀测定用试验弹应定期检查其耐压性能。（　　）

（8）在发动机燃料铜片腐蚀试验中，磨好的铜片应依次用乙醚及无水乙醇洗涤。（　　）

（9）发动机燃料铜片腐蚀试验法适用于检查发动机燃料中的活性硫化物或游离硫。（　　）

（10）测定液化石油气铜片腐蚀时，在整个磨片过程中，严禁用手指直接接触铜片。（　　）

（11）测定液化石油气铜片腐蚀，当试片的外观明显介于两个相邻的标准色板之间时，应报告较高级别作为试验结果。（　　）

三、简答题

（1）铜片腐蚀实验所用铜片规格如何？

（2）铜片腐蚀实验后，铜片颜色介于标准色板两级之间，如何上报结果？

（3）如何判断发动机燃料铜片腐蚀不合格？

参考答案

一、选择题

(1) C；(2) A，B，D；(3) C；(4) B；(5) A，B，D；(6) B；(7) A，C；(8) B；(9) A；(10) A；(11) C

二、判断题

(1) ×；(2) ×；(3) √；(4) √；(5) ×；(6) √；(7) √；(8) ×；(9) √；(10) √；(11) ×

三、简答题

(1) 铜片用纯度大于 99.9％ 的电解铜，其宽为 12.5mm、厚为 1.5～3.0mm、长为 75mm。

(2) 当铜片是介于两种相邻的标准色板之间的腐蚀级时，则按其变色严重的腐蚀级判断试样。

(3) 在平行实验中如果有一块铜片出现了黑色、深褐色、钢灰色的薄层或斑点，即认为试样不合格。

项目五 车用柴油运动黏度的测定

M5-1

【任务介绍】 ‹‹‹—
柴油机冒黑烟，需要检测油品的运动黏度指标。

【任务分析】 ‹‹‹—

柴油黏度过大，喷油嘴喷出的油滴颗粒大，雾化状态不好，空气混合不充分，燃烧不完全，排气冒黑烟，耗油量增大，发动机的经济性下降。因此，当发现排气冒黑烟，检测油品的黏度，如果测得的黏度指标过高，需更换油品。按照 GB/T 265—88《石油产品运动黏度测定法和动力黏度计算法》检测油样的运动黏度。

教学任务：在规定时间内检测油品运动黏度。

教学重点：掌握车用柴油运动黏度测定方法（GB/T 265—88）。

教学难点：玻璃毛细管黏度计的使用。

【任务实施】 ‹‹‹—

一、知识准备

(一) 基本概念

1. 黏度

液体受外力作用移动时，液体分子间产生的内摩擦力的性质称为黏度（viscosity）。黏度是评价流体流动性能的指标。黏度分动力黏度、运动黏度和条件黏度。因采用不同的特定黏度计，条件黏度又分恩氏黏度、赛氏黏度和雷氏黏度等。在油品分析中各油品的黏度通常用运动黏度来评价。

2. 运动黏度

某流体的动力黏度（kinematic viscosity）与该流体在同一温度和压力下的密度之比，称为该流体的运动黏度。在实际生产中，根据标准要求，通过公式计算得到油品运动黏度，用 ν_t 表示油品在温度 t 时的运动黏度，单位是 m^2/s 或 mm^2/s，$1m^2/s=10^6 mm^2/s$。

（二）测定方法

GB/T 265—1988《石油产品运动黏度测定法和动力黏度计算法》的测定方法概要如下。

在某一恒定的温度下，测定一定体积的试样在重力作用下流过一个经过标定的玻璃毛细管黏度计的时间，黏度计的毛细管常数与流动时间的乘积，即为该温度下测定液体的运动黏度。由式(2-5)计算出试样的运动黏度。

$$\nu_t = C\tau_t \tag{2-5}$$

式中　ν_t——温度 t 时试样的运动黏度，mm^2/s；

τ_t——温度 t 时试样的平均流动时间，s；

C——毛细管黏度计常数，mm^2/s^2。

毛细管黏度计常数是每一只玻璃毛细管黏度计固有的常数，与黏度计的几何形状有关，与测定温度无关，通常在黏度计出厂时都给出相应的毛细管黏度计常数。

温度 t 时试样的平均流动时间为用不少于 3 次测定的流动时间计算的算术平均值。

（三）测定意义

1. 柴油的质量指标

运动黏度是评价柴油流动性、雾化性和润滑性的指标。黏度过大喷油嘴喷出的油滴颗粒大，雾化状态不好，空气混合不充分，燃烧不完全，影响发机功率消耗；黏度过小，易挥发，损失大，同时会影响油泵润滑，增加拉塞磨损。它对发动机的启动性能、磨损程度、功率损失和工作效率等都有直接的影响。

2. 润滑油的质量指标

正确选择适当黏度的润滑油，可保证发动机稳定可靠的工作。随着黏度的增大，会降低发动机的功率，增大燃料消耗；过大会造成启动困难；过小会增加磨损。

3. 喷气燃料的质量指标

喷气发动机正常工作的重要条件之一就是燃料的雾化，而影响燃料雾化好坏的指标就是黏度，其标准中规定了不同温度下的黏度值。

4. 工艺计算重要参数

测得流体运动黏度，就可以通过公式和查表的方式求得动力黏度值和恩氏黏度值，而动力黏度是工艺计算的重要参数。用于计算流体在管线中的压力损失，或计算在管线中输送流速等。

5. 判断润滑油的精制深度

未经精制的馏分油黏度最大，经硫酸精制的馏分油黏度其次，用选择溶剂精制的馏分油黏度最小。

6. 储运输送的重要参数

当油品黏度随温度降低而增大时，会使输油泵的压力降增大，泵效下降，输送困难。一般在低温条件下，可采取加温预热降低黏度或提高泵压的办法，以保证油品的正常输送。

7. 润滑油牌号划分的依据

润滑油的牌号大部分是以某一温度下的运动黏度值来划分的。例如，工业齿轮油按 50℃ 运动黏度划分牌号，而普通液压油、机械油、压缩机油、冷冻机油和真空泵油均按 40℃ 运动黏度划分牌号。

二、仪器准备

车用柴油运动黏度测定实验所需主要仪器设备见图 2-33。

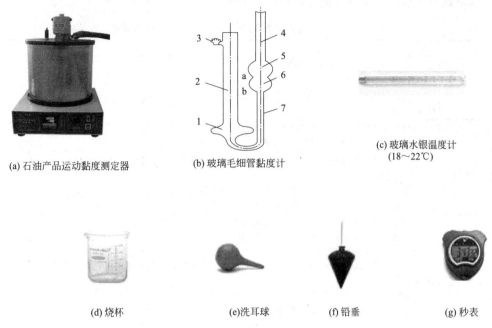

(a) 石油产品运动黏度测定器　　(b) 玻璃毛细管黏度计

(c) 玻璃水银温度计
(18～22℃)

(d) 烧杯　　　　(e) 洗耳球　　　　(f) 铅垂　　　　(g) 秒表

图 2-33　车用柴油运动黏度测定仪器

1,5,6—扩张部分；2,4—管身；3—支管；7—毛细管；

a,b—标线

玻璃毛细管黏度计的内径有 0.6mm、0.8mm、1.0mm、1.2mm 等。在实验时，应选择合适的黏度计，必须使试样在黏度计 a 刻线到 b 刻线的流动时间不少于 200s，内径 0.4mm 的黏度计流动时间不少于 350s。本实验是测定 20℃下车用柴油的运动黏度，建议选用内径为 0.6mm 或 0.8mm 的黏度计。

三、试剂准备

车用柴油运动黏度测定实验所需试剂如表 2-26。

表 2-26　车用柴油运动黏度测定试剂

试 剂	用 量	使用说明
车用柴油	50mL	试样含有水或机械杂质时,在实验前必须用干燥的滤纸和棉花过滤脱水,除去机械杂质
石油醚	50mL	清洗玻璃毛细管黏度计
铬酸洗液	50mL	清洗玻璃毛细管黏度计
95%乙醇	50mL	清洗玻璃毛细管黏度计

四、操作步骤

M5-2

（一）操作技术要点

车用柴油运动黏度测定的步骤为：准备恒温浴→取样→清洗黏度计→装入试样→安装仪器→恒温→调整试样液面位置→测定试样流动时间等八步。操作要点如表 2-27。

表 2-27　车用柴油运动黏度测定的操作步骤和技术要点

操作步骤	技术要点
准备恒温浴	(1)将恒温浴缸注满水,打开电源开关 (2)设定恒温浴温度 20℃ (3)打开加热开关、搅拌开关。如果室温过高,同时打开压缩机制冷开关,使恒温浴温度波动范围不超过±0.1℃
取样	(1)将待测试样倒入小烧杯 2/3 处 (2)用玻璃皿或滤纸将烧杯口盖上,备用
清洗黏度计	(1)将黏度计用石油醚洗涤。清洗时重复 4 次,黏度计易碎,要轻拿轻放。清洗操作方法与后续装入试样方法相同 (2)如果黏度计沾有污垢,就用铬酸洗液、水、蒸馏水或 95％乙醇依次洗涤 (3)洗涤后,放入烘箱中烘干或用通过棉花滤过的热空气吹干
装入试样	(1)将橡皮管套在支管 3 上,并用手指堵住管身 2 的管口,同时倒置黏度计 (2)将管身 4 插入装着试样的容器中,利用洗耳球将试样吸到标线 b,同时注意不要使管身 4、扩张部分 5 和 6 中的试样产生气泡和裂隙。装入试样操作动作如图 2-34 所示,两种手法均可 (3)当液面达到标线 b 时,从容器中提出黏度计,翻转黏度计,先松开堵住管身 2 管口的手指,再松开洗耳球 (4)用脱脂棉将管身 4 的管端外壁所沾着的多余试样擦去 (5)从支管 3 取下橡皮管套在管身 4 上   图 2-34　装入试样
安装仪器	(1)用夹子夹住装有试样的黏度计,如图 2-35 (2)将夹好的黏度计浸入事先准备妥当的恒温浴中,必须把毛细管黏度计的扩张部分 5 浸入一半。如图 2-36 所示 (3)将黏度计调整成为垂直状态,利用铅垂线从两个相互垂直的方向去检查毛细管的垂直情况。如图 2-37 所示 (4)温度计安装在恒温浴缸中,安装位置为使水银球的位置接近毛细管中央点的水平面,并使温度计上要测温(20℃)的刻度位于恒温浴的液面上 10mm 处 (5)安装温度计时,如果过于松动,可以套乳胶圈 (6)可根据温度计和黏度计的位置要求,适当调节恒温浴水位    图 2-35　夹住黏度计　图 2-36　黏度计安装位置　图 2-37　检查调整垂直

续表

操作步骤	技 术 要 点
恒温	(1)黏度计在恒温浴中的恒温时间,根据试验温度而定。如:-50~0℃,15min;20℃,10min;40℃、50℃,15min;80℃,100℃,20min (2)本实验试验温度为20℃,恒温时间为10min
调整试样 液面位置	利用毛细管黏度计管身4所套的橡皮管将试样吸入扩张部分6中,使试样液面高于标线a,如图2-38所示 图 2-38 调整试样液面位置
测定试样流 动时间	(1)观察试样在管身中的流动情况,液面恰好到达标线a时,开动秒表 (2)液面正好流到标线b时,停止计时,记录试样由a刻线流到b刻线的流动时间。如图2-39所示 (3)重复测定,至少4次 (4)如果流动时间少于200min,更换内径小的黏度计 图 2-39 测定试样a到b流动时间

(二)数据记录方法

车用柴油运动黏度测定数据记录如表2-28。

表 2-28 车用柴油运动黏度测定记录单

样品名称				分析时间	
检测依据		GB/T 265—88			
黏度计号					
黏度计直径/mm					
黏度计常数/(mm²/s²)					
试验次数	1	2		3	4
流动时间/s					
平均流动时间/s					
试验温度/℃					
分析人					

(三)经验分享

(1)安装温度计时,发现固定用的螺丝旋不紧,无法固定温度计。

分析原因:①螺丝不配套;②温度计选择错误。

解决办法:①更换螺丝,或在温度计上套一乳胶圈,调节温度计高度;②选择符合GB/T 265—1988《石油产品运动黏度测定法和动力黏度计算法》的温度计。

(2)取样时,吸入黏度计的试样有气泡。

分析原因:①取样用的小烧杯中的试样量太少;②取样时黏度计管身4没有浸入试样液

面以下的位置；③取样过程中反复按压洗耳球；④取样过程中手指没有堵住黏度计管身2出口。

解决办法：①将待测试样倒入小烧杯2/3处。②取样时黏度计管身4浸入试样液面以下足够深的位置，或随着取样量的增加不断向下移动黏度计，使管身4浸入试样液面以下。③取样时将橡皮管套在支管3上，并用手指堵住管身2的管口，同时倒置黏度计。将管身4插入装着试样的容器中，利用洗耳球将试样吸到标线b，同时注意不要使管身4、扩张部分5和6中的试样产生气泡和裂隙。当液面达到标线b时，从容器中提出黏度计，翻转黏度计，先松开堵住管身2管口的手指，再松开洗耳球。

（3）测定黏度结果偏低。

分析原因：①测定时，黏度计安装不成垂直状态，会改变液柱高度，从而改变静压力的大小，使测定结果产生误差。黏度计向前倾斜时，页面压差增大，流动时间缩短，测定结果偏低。②恒温的温度偏高。③恒温时间长。④试样中有水分，在较高温度下进行测定时会汽化，影响试样的正常流动，使测定结果产生偏差。

解决办法：①用铅垂线从两个相互垂直的方向去检查毛细管的垂直情况，调节黏度计架子上的三个小螺钉，使黏度计垂直；②检查恒温浴温度，使其恒定在要求温度的±0.1℃；③严格控制恒温时间；④实验前对试样进行脱水处理。

脱水的方法如下：

① 对于含水分较少的轻质油，可用干燥的滤纸盒棉花过滤，脱除其中的水分；

② 对于含水分较多的轻质油，要在具塞瓶中进行，加入脱水剂温度不能过高，并用滤纸进行过滤；

③ 对于容易流动的油样，可以用新煅烧并冷却的硫酸钠加入其中，摇动，静置沉降后，再用滤纸过滤；

④ 对于黏度大的润滑油，可预热到不高于50℃，然后再经煅烧过的食盐层过滤脱水；

⑤ 过滤黏稠油样时，在一个500mL的吸滤瓶中，放进一支直径比瓶口略小的试管，瓶口用一个中间插有漏斗的橡皮塞塞住，漏斗颈部的下端伸入试管内，在漏斗上放好滤纸。

（4）测定黏度结果偏高。

分析原因：①测定时，黏度计安装不成垂直状态，会改变液柱高度，从而改变静压力的大小，使测定结果产生误差；②恒温的温度偏低；③恒温时间短；④试样中有水分，在低温下测定时则会凝结，影响试样的正常流动，使测定结果产生偏差；⑤试样中有杂质，易黏附于毛细管内壁，增大流动阻力，使测定结果偏高；⑥黏度计中的试样存有气泡，进入毛细管后还能形成气塞，增大流体流动阻力，使流动时间增长，测定结果偏高。

解决办法：①用铅垂线从两个相互垂直的方向去检查毛细管的垂直情况，调节黏度计架子上的三个小螺钉，使黏度计垂直；②检查恒温浴温度，使其恒定在要求温度的±0.1℃；③严格控制恒温时间；④实验前对试样进行脱水除杂处理，方法如上；⑤黏度计中试样若有气泡，可轻敲黏度计外壁，或利用黏度计扩张部分排出气泡，实在处理不了，必须重新取样。

（5）试样在黏度计中流动时间少于200s。

分析原因：所选择的黏度计内径偏大。

解决办法：应选择内径稍小一点的黏度计，重新实验。

【任务评价】 <<<←——

一、计算

先计算至少 4 次流动时间的算术平均值，按测定温度不同，每次流动时间与算数平均值的差值应符合如下要求：在温度 15～100℃测定黏度时，这个差数不应超过算术平均值的 ±0.5％；在−30～15℃测定黏度时，这个差数不应超过算术平均值的 1.5％；在低于−30℃测定黏度时，这个差数不应超过算术平均值的 ±2.5％。

最后用不少于 3 次测定的流动时间计算算数平均值，作为试样的平均流动时间。再按照 GB/T 265—1988 要求，由公式（5-1）计算出试样的运动黏度。下面以一道例题说明如何计算。

【例题】 某黏度计常数为 0.4660mm²/s²，在 50℃，试样的流动时间分别为 319.0s、321.6s、321.4s 和 321.2s，报告试样运动黏度的测定结果。

解：流动时间的算术平均值为：

$$\tau_{50} = \frac{319.0\text{s} + 321.6\text{s} + 321.4\text{s} + 321.2\text{s}}{4} = 320.8\text{s}$$

查得 20℃测定黏度时，允许相对测定误差为 0.5％，即单次测定流动时间与平均流动时间的允许差值为：320.8×0.5％=1.6s

由于只有 319.0s 与平均流动时间之差已超过 1.6s，因此将该值弃去。

平均流动时间为

$$\tau_{50} = \frac{321.6\text{s} + 321.4\text{s} + 321.2\text{s}}{3} = 321.4\text{s}$$

则应报告试样运动黏度的测定结果为

$$\nu_{50} = C\tau_{50} = 0.4660\text{mm}^2/\text{s}^2 \times 321.4\text{s} = 149.8\text{mm}^2/\text{s}$$

二、精密度

1. 重复性

同一操作者重复测定两个结果之差，不应超过表 2-29 所列数值。

表 2-29 不同测定温度下，运动黏度测定重复性要求

黏度测定温度/℃	重复性/％	黏度测定温度/℃	重复性/％
−60～−30	算术平均值的 5.0	15～100	算术平均值的 1.0
−30～15	算术平均值的 3.0		

2. 再现性

当黏度测定温度范围为 15～100℃时，由两个实验室提出的结果之差，不应超过算数平均值的 2.2％。

三、报告

黏度测定结果的数值，取四位有效数字。测定结果取重复测定两个结果的算术平均值，作为试样的运动黏度。

四、考核评价

考核时限为 110min，其中准备时间 5min，操作时间 105min。从正式操作开始计时。提前完成操作不扣分，超过规定操作时间按规定标准评分。违章操作或出现事故停止操作。车用柴油运动黏度测定操作考核内容、考核要点、评分标准见表 2-30。

表 2-30 运动黏度的测定评分记录表

班级		学号		姓名			测定时间
序号	考核内容	考核要点	配分	评分标准		扣分	得分
1	准备工作	调节恒温浴温度	10	恒温不正确扣 10 分			
		选择合适的毛细管黏度计	10	未经过计算选择出合适的黏度计扣 5 分			
		试样的预处理、脱水、除去机械杂质	10	试样未经脱水，去杂质处理各扣 5 分			
		毛细管黏度计的安装	20	安装时不使用铅垂线校正扣 10 分，黏度计扩张部分未浸入一半扣 10 分			
2	取样测定	正确吸取样品	10	装入试样时有裂隙和气泡扣 10 分			
		测定流动时间，注意流出时间可疑值的判断	20	记录流出时间，少于 4 次扣 10 分，未经过计算判断可疑值扣 10 分			
		正确计算结果	20	计算结果不准确扣 20 分			
3	安全生产	劳动保护	从总分中扣除	劳保用品穿戴不全从总分中扣 20 分			
		安全操作		操作严重失误取消考核资格			
4	时间要求	在规定时间内完成		超时 3min 扣 5 分，超时 5min 停止操作			
		合计	100				

【拓展训练】<<<←

一、选择题

（1）石油产品黏度与化学组成密切相关，当碳原子数相同时，黏度最大的烃类是____。

A. 正构烷烃　　　　B. 异构烷烃　　　　C. 环烷烃　　　　D. 芳香烃

（2）石油产品运动黏度的温度条件是____。

A. 20℃下　　　　B. 固定温度下　　　　C. 任意温度下　　　　D. 特定温度下

（3）试样通过毛细管黏度计时的流动时间要控制在不少于____s，内径为 0.4mm 的黏度计流动时间不少于____s。

A. 200，300　　　　B. 250，300　　　　C. 200，350　　　　D. 250，350

（4）我国石油产品多采用____作为黏度的评价指标。

A. 动力黏度　　　　B. 相对黏度　　　　C. 恩氏黏度　　　　D. 运动黏度

（5）温度升高时，所有液体油品的黏度均____。

A. 减小　　　　B. 增大　　　　C. 不变　　　　D. 不能确定

（6）黏度是液体流动时____的量度。

A. 流动速度　　　　B. 温度变化　　　　C. 流动层相对移动　　　　D. 内摩擦力

（7）润滑油的黏度____说明润滑油的黏度愈好。

A. 随温度变化越小　　B. 随温度变化越大　　C. 越大　　　　D. 越小

（8）黏度指数高的润滑油组成是_____。

A. 非烃类化合物　　　　　　　　B. 多环短侧链的化合物

C. 正构烷烃　　　　　　　　　　D. 少环长侧链化合物

（9）润滑油的黏度与其他液体的黏度一样，也是随压力的增高而____。

A. 变化　　　　B. 减小　　　　C. 不变　　　　D. 加大

（10）润滑油的黏度在使用中会随使用时间的延长而____。

A. 变化　　　　B. 减小　　　　C. 加大　　　　D. 不变

（11）在活塞式发动机中，由于燃料进入润滑油中，使其黏度____。

A、变化　　　　B. 减小　　　　C. 加大　　　　D. 不变

（12）测定和用柴油运动黏度要求严格控制黏度计在恒浴中的恒温时间为____。

A. 50℃，10min　　　　　　　　　　B. 20℃，10min

C. 20℃，20min　　　　　　　　　　D. 50℃，30min

（13）测定石油产品运动黏度时，若试样含有机械杂质，测定结果____。

A. 不变化　　　　　B. 减小　　　　　C. 增高　　　　　D. 不确定

（14）测定石油产品运动黏度时，若吸入的试样中含有气泡，测定结果____。

A. 不变化　　　　　B. 减小　　　　　C. 增高　　　　　D. 不确定

（15）油品黏度随温度变化很明显，因此测定黏度时规定温度必须严格保持稳定在所要求温度的____以内。

A. ±0.1　　　　　B. ±0.5　　　　　C. ±1.0　　　　　D. ±1.5

（16）闭口闪点测定中出现不搅拌的情况，不正确的处理为____。

A. 检查搅拌桨　　　B. 检查电源　　　C. 检查控制电路　　　D. 检查油品质量

（17）闪点测定中出现点火器不点火的情况，不当的处理是____。

A. 检查气源　　　B. 检查点火管　　　C. 测量油温　　　D. 检查点火器调节螺丝

二、简答题

（1）吸取试样量为多少？

（2）安装仪器时，将黏度计固定在支架上，应注意什么？

（3）温度计安装位置有何要求？

（4）实验温度必须保持恒定，波动范围不允许超过多少？

（5）实验温度为40℃时，恒温时间多长？

（6）如何测定试样流动时间？

（7）叙述油品运动黏度测定法的方法概要。

（8）测定油品黏度时为什么必须调整黏度计成垂直状态？

参考答案

一、选择题

（1）C；（2）D；（3）C；（4）D；（5）A；（6）D；（7）A；（8）D；（9）D；（10）C；

（11）B；（12）B；（13）C；（14）C；（15）A；（16）D；（17）C

二、简答题

（1）试样吸到标线b。

（2）将黏度计固定在支架上，固定位置时，必须把毛细管黏度计的扩张部分浸入一半。

（3）温度计安装在恒温浴缸中，安装位置为使水银球的位置接近毛细管中央点的水平面，并使温度计上要测温（20℃）的刻度位于恒温浴的液面上10mm处。

（4）±0.1℃。

（5）15min。

（6）观察试样在管身中的流动情况，液面恰好到达标线a时，开动秒表；液面正好流到标线b时，停止计时，记录流动时间。

（7）在某一恒定温度下，测定一定体积试样在重力下流过一个经过标定的玻璃毛细管黏度计的时间，黏度计毛细管常数与流动时间的乘积，即为该温度下测定液体的运动黏度。

（8）黏度计必须调整成垂直状态，否则会改变液柱高度，引起静压差的变化，使测定结果出现偏差。黏度计向前倾斜时，液面压差增大，流动时间缩短，测定结果偏低。黏度计向其他方向倾斜时，都会使测定结果偏高。

项目六　车用柴油闭口杯闪点的测定

M6-1

【任务介绍】 <<<——

实验前准备试样时，发现回收柴油瓶中有汽油味，需要检测该柴油闪点指标，判断是否有汽油混入。

【任务分析】 <<<——

闪点是油品安全性能的一个重要指标。当重油中混入轻油时，需要检测混合油的闭口闪点是否减小，判断是否有轻油混入。按照 GB/T 261—2008《石油产品闪点的测定（宾斯基-马丁闭口杯法）》，测定油样的闭口杯闪点。

教学任务：在规定时间内测定车用柴油闭口杯闪点。

教学重点：掌握石油产品闪点的测定方法（GB/T 261—2008）。

教学难点：控制油品的升温速度，判断闪火现象。

【任务实施】 <<<——

一、知识准备

（一）基本概念

1. 闪点

闪点（flash point）是指在规定试验条件下，试验火焰引起试样蒸气着火，并使火焰蔓延至液体表面的最低温度，修正到 101.3kPa 大气压下，以℃表示。

简言之，在规定的试验条件下，加热油品，随着温度的升高，燃油表面上蒸发的油气增多，当油气与空气的混合物达到一定浓度，以明火与之接触时，会发生短暂的闪光（一闪即灭），这时的油温称为闪点。

2. 闭口闪点

用规定的闭口闪点测定器所测得的闪点叫做闭口闪点（closed-cup flash point），以℃表示。

简言之，测定闪点时，盛装试样的油杯有敞口和加盖两种。加盖油杯测得的闪点叫闭口杯闪点。常用以测定轻质油品，如煤油、柴油、变压器油等的闪点。

（二）测定方法

GB/T 261—2008《石油产品闪点的测定（宾斯基-马丁闭口杯法）》的测定方法概要如下：将样品倒入试验杯中，在规定的速率下连续搅拌，并以恒定速率加热样品。以规定的温度间隔，在中断搅拌的情况下，将火源引入试验杯开口处，使样品蒸气发生瞬间闪火，且蔓延至液体表面的最低温度，此温度为环境大气压下的闪点，再用公式修正到标准大气压下的闪点。

（三）测定意义

1. 划定油品的危险等级

实际生产中，根据闪点来划分油品危险等级，闭口闪点＜28℃为一级可燃品，闭口闪点

28~60℃为二级可燃品，闭口闪点＞60℃为三级可燃品。按闪点的高低可确定其运送、储存和使用的各种防火安全措施。

2. 鉴定油品发生火灾的危险性。

闪点越低，油品越易燃烧，火灾危险性越大。油品储运、使用中的最高温度规定应低于闪点20~30℃。闪点在45℃以上称为可燃品，45℃以下称为易燃品，着火的危险性很大。

从防火角度考虑，希望油的闪点、燃点高些，两者的差值大些。而从燃烧角度考虑，则希望闪点、燃点低些，两者的差值也尽量小些。

3. 判断油品馏分组成的轻重，指导油品生产

油品越轻，越易挥发，其闪点、燃点越低，自燃点越高。当有少量轻油混入重油中时，就能引起闪点显著降低。

精馏塔侧线产品闪点低，说明混有轻组分，与上部分产品分割不清，应加大侧线汽提蒸气量，分离出轻组分。例如：侧线产品闪点是由其轻组分含量决定的，闪点低表明油品中易挥发的轻组分含量较高，即初馏点及10％馏出温度偏低。

煤油闪点在40℃以上，柴油在50~65℃之间，重油在80~120℃，润滑油要达到300℃左右。

4. 闪点与爆炸极限的关系

闪火是微小爆炸，油品闪点就是指在常压下，油品蒸气的爆炸上限或爆炸下限。高沸点油品闪点是爆炸下限油品温度，因为该温度下液体油品已有足够饱和蒸气压，使其在空气中的含量恰好达到油品的爆炸下限。低沸点油品，如汽油，室温下浓度已大大超过其爆炸下限，闪点是爆炸上限油品温度。

注：爆炸极限为可燃性气体与空气混合时，遇火发生爆炸的体积分数范围。分爆炸上限和爆炸下限。如 CO 的爆炸极限为 12.5％~74.5％。

二、仪器准备

车用柴油闭口杯闪点测定实验所需主要仪器设备见图2-40。

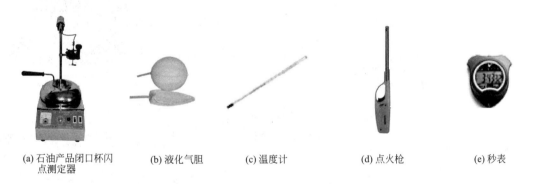

| (a) 石油产品闭口杯闪点测定器 | (b) 液化气胆 | (c) 温度计 | (d) 点火枪 | (e) 秒表 |

图 2-40 柴油闭口杯闪点测定仪器

三、试剂准备

车用柴油闭口杯闪点测定实验所需试剂如表2-31。

表 2-31 柴油闭口杯闪点测定试剂

试 剂	用 量	注 意 事 项
柴油试样	100mL	试样含水分超过0.05％时，必须脱水。脱水是以新干燥并冷却的变色硅胶为脱水剂，对试样进行处理，取试样的上层澄清部分供实验使用；若含少量水，可用二层折叠滤纸过滤
车用汽油	30mL	清洗溶剂

四、操作步骤

M6-2

（一）操作技术要点

车用柴油闭口杯闪点测定的步骤为：检查设备→清洗油杯→装入试样→连接液化气胆→试火→加热→点火试验→测定闪点→停止实验等八步。操作技术要点如表 2-32。

表 2-32　柴油闭口杯闪点测定的操作步骤和技术要点

操作步骤	技 术 要 点
检查设备	(1)将闪点测定器摆放在避光、平整、无气流处，也可用防护屏 (2)检查油杯把手是否松动 (3)检查加热套中是否有杂物，如果有，取出杂物 (4)检查油杯盖上的搅拌杆是否旋转，以及油杯盖上其他附件是否有损坏 (5)检查液化气乳胶管线是否老化开裂，接头是否完好，确保管路的畅通 (6)检查液化气胆是否漏气
清洗油杯	用清洗溶剂车用汽油冲洗油杯、杯盖及其他附件，以除去上次试验留下的所有胶质或残渣痕迹，再用清洁空气吹干油杯，以确保除去所用溶剂
装入试样	(1)取样前应先轻轻地摇动试样瓶，使样品混匀 (2)小心地将试样倒入油杯，至油杯内环状标记处，如取多，用移液管移出。油杯套边缘和外侧要擦拭干净，保证无油，以防着火 (3)如果油杯内有气泡出现，用试验杯轻敲台面，清除气泡。待液面平静后，观察液面与刻线是否持平 (4)将装有试样的油杯放入加热套中，将试验杯边缘的圆孔套入加热套边缘凸起的金属杆上，以固定油杯位置 (5)盖上清洁、干燥的杯盖，如图 2-41，插入温度计，将温度计插入温度计刻线面向试验人员。安装温度计时，注意搅拌叶不能刮碰温度计。如有刮碰，重新安装 图 2-41　盖油杯盖
连接液化气胆	(1)将充有液化气的球胆放置在不靠近热源及电源的地方 (2)将液化气球胆的出口端连接到仪器管线三通接头上，用卡扣固定接头处防止液化气泄漏。如图 2-42所示 (a)　　　　　　　　(b) 图 2-42　连接液化气胆

续表

操作步骤	技 术 要 点
试火	(1)缓慢开启液化气胆的出口阀,轻轻按压球胆,让液化气充满管路,排出管内空气 (2)开始试火,用点火枪伸至引火头处,点燃火焰,如图2-43。调节引火头处的阀,使火焰不要太大,再用引火头点燃点火头,如图2-44,之后挪开引火头,调节点火头处的阀,如图2-45,使火焰接近球形,其直径为3～4mm。之后关闭液化气胆的出口阀 图2-43　点燃引火头　　　图2-44　点燃点火头　　　图2-45　调节火焰
加热	(1)开启加热开关、搅拌开关 (2)调节电压旋钮调节升温速度。开始加热速度要均匀上升。如果加热强度过大,升温会失去控制,造成分析失败 (3)用秒表计时1min,观测温度计度数,计算升温速率,将升温速率调节至5～6℃/min (4)实验过程中设备外体过热,不得触碰,避免烫伤
点火实验	(1)用点火枪将点火器的灯芯点燃,并将火焰调整到接近球形,其直径为3～4mm (2)到达预闪点前23℃±5℃时,开始点火实验。通常车用柴油预期闪点被告知为65℃,则实训人员需在试样42℃±5℃时开始点火。若不清楚样品的预期闪点,可在适当的起始温度下,点火试验,每升高5℃进行一次点火,确定预闪点后,重新实验 (3)在点火时,必须停止搅拌,防止试样飞溅 (4)搅拌停止后,顺时针方向,迅速扭动油杯盖上的扭杆至死点,带动点火头移动至试样表面,要求火焰在0.5s内下降至试样蒸气空间内,并在此位置停留1s,然后迅速松开扭杆,点火头回到初始位置 (5)重新开启搅拌开关,并用引火头重新点燃点火头火焰,再将引火头移向另一侧,不干扰点火头的火焰。试样温度每升高1℃,重复此步骤一次,此步骤需要至多12s完成
测定闪点	(1)在试样液面上方最初出现蓝色火焰时,立即读出温度,作为闪点测定结果(见图2-46) (2)继续按上一步点火实验的方法进行点火实验,应能再次闪火,才能说明第一次闪火温度为闪点测定结果。否则,应更换试样重新实验,只有实验的结果重复出现,才能确认测定有效 图2-46　观察闪火现象
停止实验	(1)实验结束后,关闭搅拌和加热开关,关紧液化气胆开关 (2)待试样冷却后,取出油杯,将废油倒入废油桶里 (3)油杯把柄金属部位温度较高,以防烫伤

(二) 数据记录方法

车用柴油闭口杯闪点测定数据记录如表2-33。

表2-33　车用柴油闭口杯闪点测定记录单

样品名称		分析时间	
检测依据		GB/T 261—2008	
试验次数	1		2

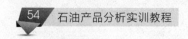

续表

大气压/kPa		
温度计号		
闪点/℃		
分析人		

（三）经验分享

（1）实验过程中，点不着火。

分析原因：①点火嘴处或管路堵塞；②球胆装入的液化气过少，压力不够。

解决办法：①用细金属线或鱼线等疏通；②重新取气装满整个球胆，并检查球胆是否漏气，或轻轻按压球胆。

（2）实验测得的结果偏高。

分析原因：①石油产品为混合物，可能是由于其组分的差异，导致检测的试样的闪点温度与相同油品试样的闪点高低不同；②在试验过程中，眼睛没有平视温度计，使得读数偏大；③加热速度过慢，测定时间长，点火次数多，损耗了大部分油蒸气，推迟了使油蒸气和空气混合物达到闪火浓度的时间，使结果偏高；④在试验前，过早地倒出油样，使其易挥发的轻组分散失在空气中；⑤油杯里取样量少，未达到油杯内环形刻线；⑥油品闪点与外界压力有关，气压高，油品不易挥发，故测得的闪点较高；⑦油样中含水，在给油样加热时，分散在油中的水会汽化形成水蒸气，有时形成气泡覆盖于油面上，影响油的正常汽化，推迟闪火时间，使测得的结果偏高。

解决办法：①读数时，眼镜要平视温度计；②按照标准要求控制升温速度、点火速度；③取油样量至油杯内环形刻线处；④取样后立刻用油杯盖盖上；⑤如油样含水，实验前进行脱水处理；⑥标准中规定以 101.3kPa 大气压下测得的闪点为标准压力下的闪点。大气压力若有偏离，测得的闪点需做大气压力修正。大气压力变化 0.133kPa，闪点平均变化 0.033～0.036℃。

（3）实验测得的结果偏小。

分析原因：①油杯里取样量多，超过油杯内环形刻线；②点火用的球形火焰直径较规定的大；③点火时，火焰离液面越低，则测得的结果偏低；④加热速度快，单位时间给予油品的热量多，蒸发也快，使空气中油蒸气浓度提前达到爆炸极限，测得结果偏低；⑤大气压力低，油品易挥发，故所测闪点较低。

解决办法：①取油样量至油杯内环形刻线处；②火焰调整到接近球形，其直径为 3～4mm；③点火时，顺时针方向迅速扭动油杯盖上的扭杆至死点，带动点火头移动至试样表面，火焰在 0.5s 内下降至试样蒸气空间内，并在此位置停留 1s，然后迅速松开扭杆，点火头回到初始位置；④按照标准要求控制升温速度、点火速度；⑤大气压力若有偏离，测得的闪点需做大气压力修正。

（4）实验过程中，某分析员将手烫伤。

分析原因：①实验过程中，用手触碰设备外体；②点火试验时，或取下油杯时，用手拿持油杯把手金属部位。

解决办法：在实验的全过程不得用手触碰设备外体和油杯把手金属部位。

（5）某石化公司分析室，分析员在做完闭口闪点测定实验后，将油杯取下，离开实验室，再次返回时，发现仪器被烧红。

分析原因：分析实验完成后未关闭电源开关，且调压表没有回零。

解决办法：①分析人员在完成试验后，应先将调压表回零，再关闭电源开关，拔下电源线，等待油杯试样降温冷却后，再取下油杯；②分析人员应对自己岗位负责，即使有事需离开，也要经常回岗位检查。

【任务评价】 <<<←

一、计算

GB/T 261—2008 规定，以标准大气压（101.3kPa）为闪点测定基准。若有偏离，需做大气压修正。

闭口杯闪点大气压修正公式为

$$t_0 = t + 0.25(101.3 - p) \tag{2-6}$$

式中 t_0——标准大气压（101.3kPa）下的闪点，℃；

t——观察的闪点，℃；

p——环境大气压，kPa。

二、精密度

1. 重复性

在不同实验室，由同一操作者，使用同一台仪器，按相同的方法，对同一试样连续测定的两个实验结果之差，不能超过 $0.029\bar{t}$（$\bar{t}$ 为两个连续结果的平均值）。

2. 再现性

在不同实验室，由不同操作者，使用相同类型仪器，按相同的方法，对同一试样测定的两个单一、独立结果之差不能超过 $0.071\bar{t}$（$\bar{t}$ 为两个独立实验结果的平均值）。

三、报告

结果报告修正到标准大气压（101.3kPa）下的闪点，精确到 0.5℃。

四、考核评价

考核时限为95min，其中准备时间5min，操作时间90min。从正式操作开始计时。提前完成操作不扣分，超过规定操作时间按规定标准评分。违章操作或出现事故停止操作。车用柴油闭口杯闪点测定操作考核内容、考核要点、评分标准见表2-34。

表2-34 闭口杯闪点测定评分记录表

班级		学号		姓名		测定时间	
序号	考核内容	考核要素	配分	评分标准		扣分	得分
1	准备	检查温度计、仪器合格	5	一项未检查，扣2分			
		取样前应摇匀试样	5	未摇匀，扣5分			
		取样前试样水分应不超过0.05%	3	超过标准未脱水，扣3分			
		油杯要用车用汽油洗涤，并用空气吹干	2	不符合要求，扣2分			
2	取样	取样量符合要求	5	量取不准，扣5分			
3	测定	闪点测定仪应放在避风和较暗的地方	2	环境不符合要求，扣2分			
		应先擦拭温度计和搅拌叶	3	未擦拭，扣3分			
		升温开始应搅拌	5	未搅拌，扣2~5分			
		升温速度应正确	5	过快或过慢，每次扣2分			
		点火火焰大小合适	5	不按规定操作，每次扣2分			
		点火前应停止搅拌	5	不按规定操作，每次扣2分			
		点火后应打开搅拌开关	5	不按规定操作每次扣2分			
		发现闪火后，应继续进行实验	5	不按规定操作，扣5分			
		重复实验应闪火，如不闪火应提出重新实验	5	不按规定操作，扣5分			
4	记录	记录大气压	5	未记录，扣5分			
		合理使用记录纸	5	作废记录纸一张，扣2分			
		记录无涂改、漏写	2	一处不符，扣1分			
		结果应准确	10	结果超差，扣5~10分			

续表

序号	考核内容	考核要素	配分	评分标准	扣分	得分
5	文明操作	实验结束后关电源	10	未关电源，扣10分		
		实验台面应整洁	3	不整洁，扣3分		
		正确使用仪器	5	实验中打破仪器，扣5分		
		合计	100			

【拓展训练】<<<←——

一、选择题

（1）闭口杯法测定石油产品闪点时，规定水分大于____时，必须脱水。

A. 0.1%　　　　B. 0.05%　　　　C. 0.2%　　　　D. 0.3%

（2）闭口杯法测定石油产品闪点时，对于预期闪点不高于110℃的试样，每升高____进行一次点火试验。

A. 20℃下　　　B. 固定温度下　　　C. 任意温度下　　　D. 特定温度下

（3）油品的闪点与____有关。

A. 馏分组成　　　B. 烃类组成　　　C. 压力　　　D. 温度

（4）在同一族烃中，随相对分子质量增大，____。

A. 自燃点降低，闪点增高　　　　B. 自燃点降低，闪点降低

C. 自燃点增高，闪点增高　　　　D. 自燃点增高，闪点降低

（5）油品的沸点偏低____。

A. 自燃点越低　　　B. 自燃点越高　　　C. 闪点越高　　　D. 燃点越高

（6）测定闪点时使用防护屏的目的是____。

A. 防止空气对流　　B. 防尘土　　　C. 防火　　　D. 防样品溅出

（7）按照 GB/T 261 方法测一油品闭口闪点，预期闪点为70℃，在预期闪点前20℃时，升温速度控制在____，并要每经____进行一次点火试验。

A. 1~2℃/min，2℃　　B. 1~2℃/min，1℃　　C. 2~3℃/min，2℃　　D. 2~3℃/min，1℃

（8）按照 GB/T 261 方法测一油品闭口闪点时，结果偏低于正常值，原因可能是____。

A. 加热速度慢　　B. 火焰离液面高　　C. 火焰移动快　　D. 加入油量多

（9）按照 GB/T 261 方法测一油品闭口闪点时，所用的油量比规定的少，会使测定结果____。

A. 偏低　　　　B. 偏高　　　　C. 一样　　　　D. 有可能

（10）测定轻柴油闪点时的测定结果为62℃，经温度和大气压修正后的结果为62.8℃，方法要求整数报出，则最后结果为____。

A. 61℃　　　　B. 62℃　　　　C. 63℃　　　　D. 64℃

（11）汽油的闪点，实际上是它的____。

A. 爆炸上限　　　B. 爆炸下限　　　C. 爆炸极限　　　D. 爆炸范围

（12）测定闪点点火时，使火焰在____s内降到杯上含蒸气的空间中，停留____s，立即迅速回到原位。

A. 0.5，1　　　　B. 0.5，1　　　　C. 1，1　　　　D. 1，2

（13）导致闭口闪点测定结果偏低因素是____。

A. 加热速度过快　　B. 试样含水量　　C. 气压偏高　　　D. 火焰直径偏小

（14）测定闭口闪点时，油杯干燥一般采用____。

A. 自然风干　　　B. 空气吹干　　　C. 烘箱烘干　　　D. 超声干燥

（15）闭口闪点测定中常见故障不包括____。

A. 试样没有脱水　　B. 不搅拌　　　　　C. 电热装置不加热　D. 点火器不点火

（16）闪点测定中，点火器不点火的原因不可能是____。

A. 没有气源　　　　B. 点火管堵塞　　　C. 油温太低　　　　D. 点火器调节太小

（17）闪点测定中，电加热装置不加热，不当的处理是____。

A. 检查电源　　　　B. 检查炉丝　　　　C. 检查控制电路　　D. 检查电压

二、简答题

（1）点火火焰大小多少为宜，为什么要控制其大小？

（2）试油含水对测定闪点有何影响？

（3）为什么要严格控制试样装入量？

（4）影响油品闪点的因素主要有哪些？

（5）测定闭口闪点时如何控制升温速度？

（6）简述 GB/T 261 测定石油产品闭口闪点的方法概要。

（7）闭口闪点测定中规定了打开杯盖和点火的时间，为什么？

参考答案

一、选择题

（1）A；（2）D；（3）D；（4）A；（5）C；（6）A；（7）D；（8）D；（9）B；（10）B；（11）A；（12）A；（13）A；（14）B；（15）A；（16）C；（17）D

二、简答题

（1）火焰接近球形，直径 3～4mm 为宜。球形火焰直径偏大，会使测定结果偏低，反之偏高。

（2）含水试样加热时，分散在油中的水会汽化形成水蒸气，有时形成气泡覆盖于液面上，影响油品的正常汽化，推迟闪火时间，使测定结果偏高。水分较多的重油，用开口杯法测定闪点时，由于水的汽化，加热到一定温度时，试样易溢出油杯，使试验无法进行。

（3）按要求杯中试样要装至环形刻线处，试样过多测定结果偏低，反之偏高。

（4）油品闪点的高低与其组成有关，除此之外与测定条件有关，如：大气压力、试样中水的含量、加热速度、点火用的火焰大小及其与试样液面的距离及停留时间、试样的装入量等。

（5）试验闪点低于 50℃ 的试样时，从试验开始到结束，要不断地进行搅拌，并使试样温度每分钟升高 1℃。对试验闪火高于 50℃ 的试样，开始加热速度要均匀上升，并定期进行搅拌。到预计闪点前 40℃ 时，调整加热速度，并不断搅拌，以保证在预计闪点前 20℃ 时，升温速度能控制在每分钟升高 2～3℃。

（6）试样在连续搅拌下，用恒定速度加热。在规定温度间隔，中断搅拌的情况下，将一小火焰引入试验杯开口处，引起试样蒸气瞬间闪火且蔓延至液面时的最低温度，即为环境大气压下的闪点，再用公式修正至标准大气压下的闪点。

（7）打开盖孔时间要控制在 1s，不能过长，否则测定结果偏高。

项目七　车用柴油酸度的测定

【任务介绍】◄◄──

发动机运转一段时间后，发现发动机运转异常，经维修检查发现喷油嘴、气缸和活塞都

M7-1

有不同程度的腐蚀和堵塞，需要检测油品酸度指标。

【任务分析】<<<——

酸度是轻质油品对设备腐蚀倾向的指标。当设备有腐蚀时，检测所使用的油品是否酸度超标。如果超标表明油品中含有无机酸和有机酸，对设备有腐蚀现象。油品中有机酸会产生强烈的电化学腐蚀，腐蚀生成的盐类可形成沉淀物，堵塞燃油系统，影响发动机正常运转。按照标准 GB/T 258—77《汽油、煤油、柴油酸度测定法》测定车用柴油酸度。

教学任务：在规定时间内测定车用柴油酸度。

教学重点：掌握车用柴油酸度测定法（GB/T 258—77）。

教学难点：准确称量试样、安装设备、观察滴定终点。

【任务实施】<<<——

一、知识准备

（一）基本概念

酸度（acidity）是指中和 100mL 石油产品中的酸性物质，所需要氢氧化钾的质量，单位为 mgKOH/100mL。酸度用来表示轻质燃料油（汽油、煤油、轻柴油）中酸性物质的总含量。

酸度检测的是有机酸和无机酸的总含量。但大多数情况下，若酸洗精制工艺条件控制得当，油品中几乎不含有无机酸，且油品要求水溶性酸碱合格，也即没有无机酸，因此所测定的酸度几乎都代表有机酸（凡含—COOH 基团的化合物统称有机酸），主要有环烷酸、脂肪酸、酚类和酸性硫化物等。

（二）测定方法

GB/T 258—77《汽油、煤油、柴油酸度测定法》的测定方法概要：用沸腾的乙醇抽提出试样中的有机酸，然后用碱性蓝 6B 做指示剂，用氢氧化钾-乙醇溶液进行滴定，通过指示剂颜色的改变来确定终点，记录滴定所消耗的氢氧化钾-乙醇溶液的体积。通过计算得出酸度结果。

（三）测定意义

1. 判断油品中所含酸性物质的含量

酸度越高，说明油品中所含的酸性物质就越多。

2. 判断油品对金属材料的腐蚀性。

油品中有机酸含量少，在无水分和温度低时，对金属基本不会有腐蚀作用。但当有机酸含量增多及有水分存在时，就能严重腐蚀金属。当有水存在时，即使是微量的低分子有机酸，也能与金属设备反应，生成溶于油类的环烷酸亚铁和羧酸亚铁等。

3. 判断油品的使用性能

油品中酸度指标过高，燃烧后会生成有害气体，腐蚀设备，污染大气。以柴油为例，其酸度大，会使发动机内积碳增加，造成活塞磨损，使喷嘴结焦，影响雾化性能和燃烧性能。

二、仪器准备

车用柴油酸度测定实验所需主要仪器设备见图 2-47。

(a) 石油产品酸度测定仪器   (b) 磨口锥形烧   (c) 球形冷凝管   (d)微量滴定管   (e) 量筒(容量为25mL、
瓶(250mL)   (长约300mm)   (2mL,分度为   50mL、100mL)
0.02mL)

图 2-47 车用柴油酸度测定主要仪器设备

三、试剂准备

车用柴油酸度测定实验所需试剂有柴油试样、氢氧化钾、碱性蓝 6B,如表 2-35 所示。

表 2-35 柴油酸度测定试剂

试 剂	用 量	使 用 说 明
车用柴油	100mL	(1)含水试样,脱水后才能进行测定 (2)试样中如有杂质,先将试样加热到15℃以上,用不起毛的滤纸过滤,除去杂质,防止堵塞过滤器
氢氧化钾	分析纯	配成 0.05mol/L 氢氧化钾乙醇溶液
碱性蓝 6B	1g	(1)配制溶液时,称取碱性蓝1g,称准至0.01g。将它加在50mL的煮沸的95％乙醇中,并在水浴中回流1h,冷却后过滤。必要时,煮热的澄清滤液要用0.05mol/L氢氧化钾乙醇溶液或0.05mol/L盐酸溶液中和,直至加入1～2滴碱溶液能使指示剂溶液从蓝色变成浅红色而在冷却后又能恢复成为蓝色为止,有些指示剂制品经过这样处理变色才灵敏 (2)碱性蓝指示剂适用于测定深色的石油产品

四、操作步骤

M7-2

(一) 操作技术要点

车用柴油酸度测定的步骤为:清洗微量滴定管→煮沸 95％乙醇溶液→中和 95％乙醇溶液→取样→再次煮沸混合物→滴定操作等六步。操作技术要点如表 2-36。

表 2-36 车用柴油酸度测定的操作步骤和技术要点

操作步骤	技 术 要 点
清洗微量滴定管	(1)清洗微量滴定管。用自来水清洗三次,蒸馏水清洗三次,用 0.05mol/L 氢氧化钾乙醇溶液润洗三次 (2)取 2mL 的 0.05mol/L 氢氧化钾乙醇溶液,调零,备用

操作步骤	技 术 要 点
煮沸95％乙醇溶液	(1)将球形冷凝管安装到石油产品酸度测定仪器(水浴锅)的铁杆上,用夹子夹住,不宜过紧 (2)连接冷凝管,使冷凝水上进下出,打开冷凝水 (3)用50mL量筒取95％乙醇溶液50mL注入清洁无水的锥形烧瓶内 (4)将装有乙醇溶液的锥形烧瓶与球形回流冷凝管连接。如图2-48 (5)打开石油产品酸度测定仪器加热开关,设置水浴温度100℃,将95％乙醇煮沸5min (a)　　　　　　　　　　　(b) 图2-48　连接锥形烧瓶与球形回流冷凝管
中和95％乙醇溶液	(1)带好防护手套将水浴中的锥形瓶拿出,以免烫伤 (2)在煮沸过的95％乙醇中加入0.5mL的碱性蓝色溶液,如图2-49所示 (3)在不断摇荡下趁热用0.05mol/L氢氧化钾-乙醇溶液中和95％乙醇,直至锥形烧瓶中的混合物从蓝色变为浅红色为止。滴定操作如图2-50 (4)滴定至终点附近时,应逐滴加入碱液,快到终点时,要采取半滴操作,以减少滴定误差 (5)自锥形烧瓶停止加热到滴定达到终点,所经过的时间不应超过3min,以减少二氧化碳对测定结果的影响 图2-49　加入碱性蓝溶液　　　图2-50　滴定试验 (11)记录消耗氢氧化钾-乙醇溶液的体积,调整滴定管零点
取样	(1)摇匀车用柴油试样 (2)用20mL量筒取车用柴油试样取20mL(在20℃±3℃温度范围内量取),将试样注入中和过的95％热乙醇中
再次煮沸混合物	(1)迅速将取样后的锥形瓶放回水浴中,连接球形冷凝管,打开冷凝水 (2)将锥形烧瓶中的混合物煮沸5min
滴定操作	(1)带好防护手套将水浴中的锥形瓶拿出,以免烫伤 (2)向煮沸过的混合液中加入0.5mL的碱性蓝溶液 (3)在不断摇荡下趁热用0.05mol/L氢氧化钾-乙醇溶液滴定,直至95％乙醇层的碱性蓝溶液从蓝色变为浅红色为止 (4)自锥形烧瓶停止加热到滴定达到终点,所经过的时间不应超过3min (5)记录消耗氢氧化钾-乙醇溶液的体积,调整滴定管零点

（二）数据记录方法

车用柴油酸度测定数据记录单如表2-37。

表 2-37 车用柴油酸度测定数据记录单

样品名称		分析时间	
检测依据	GB/T 258—77		
试验次数	1 次	2 次	
标准液浓度/(mol/L)			
试样量/mL			
溶剂量/mL			
终读数/mL			
始读数/mL			
消耗量/mL			
结果			
分析人			

（三）经验分享

（1）测定结果偏高。

分析原因：①实验过程中，没有按规定两次煮沸5min。乙醇溶液中的二氧化碳没有驱除出去，空气中的二氧化碳极易溶于乙醇，二氧化碳在乙醇中的溶解度较在水中的溶解度大三倍。二氧化碳的存在会多消耗氢氧化钾乙醇溶液。②滴定时动作不够迅速，停留时间过长，空气中二氧化碳溶于其中。

解决办法：①按规定两次煮沸5min，驱除二氧化碳；②从停止加热到滴定结束不得超过3min；③滴定至终点附近时，应逐滴加入碱液，快到终点时，要采取半滴操作，以减少滴定误差。

（2）滴定时，发现有乳化现象产生。

分析原因：没有趁热滴定。在室温情况下，某些油品和乙醇-水混合液会产生乳化现象。乳化液影响滴定时颜色的识别。

解决办法：实验时，煮沸5min之后，应趁热滴定。

（3）滴定试验时，变色较慢，不易观察到终点。

分析原因：加入指示剂量过多，测定酸度的指示剂本身是弱酸性有机化合物，会消耗一部分碱，导致变色慢。

解决办法：①GB 258规定加入碱性蓝指示剂溶液5mL；②可在锥形瓶下衬以白纸或铺有白色瓷板，使滴定在白色背景下进行。

【任务评价】 <<←——

一、计算

按照GB/T 258—77要求，由式(2-7)计算出试样的酸度。

$$X = \frac{100VT}{V_1} \tag{2-7}$$

$$T = 56.1N$$

式中 X——试样酸度，mgKOH/100mL；

V——滴定时所消耗氢氧化钾乙醇溶液的体积，mL；

V_1——试样的体积，mL；

T——氢氧化钾乙醇溶液的滴定度，mgKOH/mL；

56.1——氢氧化钾的摩尔质量，g/mol；

N——氢氧化钾乙醇溶液的浓度，mol/L。

二、精密度

重复测定两个结果的差值，不应超过 0.3mgKOH/100mL。

三、报告

取两次测定结果的算术平均值，作为试样的酸度结果。

四、考核评价

考核时限为 95min，其中准备时间 5min，操作时间 90min。从正式操作开始计时。提前完成操作不扣分，超过规定操作时间按规定标准评分。违章操作或出现事故停止操作。车用柴油酸度测定操作考核内容、考核要点、评分标准见表 2-38。

表 2-38　酸度的测定评分记录表

序号	考核内容	评分要素	配分	评分标准	扣分	得分
1	95%乙醇预处理	95%乙醇于清洁干燥的锥形烧瓶中	18	量取乙醇不准扣3分;烧瓶不清洁干燥扣2分		
		选择溶剂		选错乙醇浓度扣3分		
		控制煮沸时间		时间不正确扣5分		
		加入合适的指示剂		指示选择不正确		
2	试样测定	取样前摇均匀	20	取样前未摇匀扣2分		
		按要求量取试样量		试样量取不正确扣5分		
		准确读取体积		体积不准确扣3分		
		将试样注入乙醇溶液中		试样注入不完全或有溅出扣2分		
		控制煮沸时间		时间不正确扣5分		
		回流煮沸后加入指示剂		指示剂加入量前后不一致扣3分		
3	滴定操作	标准溶液使用前应摇匀	25	未摇动,一次扣1分		
		指示剂及标准溶液不能有洒漏		有洒漏一次扣0.5分		
		手握试剂瓶标签位置		位置不正确,一次扣0.5分		
		滴定管调零		调零不规范,一次扣1分		
		滴定管使用(清洗、涂油、赶气泡握持、废液排放)要规范		滴定管使用不规范,一次扣1分		
		指示剂加入量正确		加入量不正确,一次扣1分		
		控制滴定管尖嘴部分插入锥形瓶深度		插入深度不正确,一次扣1分		
		滴定管调零及开始读数前静止30s		未静止或静止时间不够,一次扣1分		
		控制摇动速度		摇动速度、滴定速度不正确,一次扣1分		
		处理滴定前后管尖悬液		处理不正确,一次扣1分		
		判断滴定终点		终点判断错误,一次扣1分		
		读数		读数错误,一次扣1分		
		滴定时间不超过3min		未趁热滴定扣3分,滴定超时一处扣1分		
4	按操作规程顺序操作		2	未按操作规程顺序操作		
5	分析结果	精密度符合标准要求	10	不符合标准规定扣10分		
		准确度符合标准要求	10	不符合标准规定扣10分		
6	记录和计算	记录填写正确及时、无杠改、无涂改	10	填写不正确,一处错误扣0.5分,全不正确不得分		
		公式使用正确		公式使用错误,扣2分		
		计算结果正确		结果计算错误,扣2分		
		有效数字修约正确		修约错误,一处扣0.5分		
		如实填写数据		有意凑改数据扣5分		

续表

序号	考核内容	评分要素	配分	评分标准	扣分	得分
7	实验管理	着装符合化验员要求	5	未按要求着装,一处扣1分		
		台面整洁,仪器摆放整齐		台面不整洁,仪器摆放不齐,一处扣1分		
		废液处理正确		废液处理不当一次扣1分		
		器皿完好		操作中打碎器皿一件扣1分		
8	安全文明操作	按国家或企业颁布的有关规定执行		违规操作一次从总分中扣除5分,严重违规停止本项操作		
9	考核时限	在规定时间内完成		每超时1min,从总分中扣5分,超时3min停止操作		
		合计	100			

【拓展训练】 <<<←—

一、选择题

（1）酸度是指溶液中（ ）的平衡浓度。

A. H^+　　　　　　B. OH^-　　　　　　C. $H^+ + OH^-$　　　　D. 所有型体

（2）测定油品的酸度,酸值不能判断油品的（ ）。

A. 酸性物质含量的大小　　　　　　B. 腐蚀性

C. 变质程度　　　　　　　　　　　D. 安定性

（3）不是评价轻柴油和车用柴油腐蚀性的指标的是（ ）。

A. 硫含量　　　　B. 酸度　　　　C. 博士试验　　　　D. 铜片腐蚀

二、判断题

（1）测量 pH 值的仪器称为酸度计,又称 pH 计。（ ）

（2）测油品的酸度和酸值的原理都是酸碱中和反应。（ ）

（3）柴油酸度对柴油发动机状况有非常大的影响,酸度大的柴油会使发动机的积炭增加。（ ）

（4）测定石油产品酸度（值）时可采用95％乙醇亦可用水作为溶剂。（ ）

（5）测定酸度（酸值）时规定必须两次煮沸3min,趁热滴定及不许超过5min。（ ）

（6）柴油的酸度过高会造成柴油发动机活塞磨损,喷嘴结焦。（ ）

（7）酸度计法测定溶液的酸度不受样品颜色、浑浊程度的影响。（ ）

（8）利用酸度计测定石油产品的 pH 值的方法是一种电位测定法。（ ）

（9）GB 252 规定轻柴油酸度小于等于5mgKOH/100mL 为合格品。（ ）

三、问答题

（1）测定酸度时,规定两次煮沸5min、趁热滴定及不许超过3min的原因是什么?

（2）测定酸度时用碱性蓝作指示剂,怎么判断终点?

（3）指示剂用量为什么不能过多?

参考答案

一、选择题

（1）A；（2）D；（3）C

二、判断题

（1）√；（2）√；（3）√；（4）×；（5）×；（6）√；（7）√；（8）√；（9）×

三、问答题

（1）是为驱除二氧化碳干扰物对酸度的影响；避免乳化现象产生；有利于油品中有机酸

抽出；提高测定结果的精确度。

（2）碱性蓝溶液从蓝色变为浅红色为止。

（3）测定酸度的指示剂都是弱酸性有机化合物，本身会消耗碱，同时变色较慢不易观察终点。

项目八　车用柴油色度的测定

M8-1

【任务介绍】 <<<——

实验室中购买的柴油，放置几天后，油色变深，需检测油品的色度指标。

【任务分析】 <<<——

色度是油品稳定性能的指标。当发现油品的颜色变深，则表明油品有变质的倾向。油品中产生实际胶质，在使用过程中，黑色黏稠物将堵塞喷油嘴。按照 GB/T 6540—86(91)《石油产品色度测定法》检测油样的色度。

教学任务：在规定时间内检测车用柴油色度。

教学重点：掌握石油产品色度测定法 ［GB/T 6540—86(91)］。

教学难点：读取试样的色号。

【任务实施】 <<<——

一、知识准备

（一）基本概念

色度（chromaticity）是石油产品与标准比色液或与标准比色板相比较所得到的颜色标度，是溶剂油、轻柴油、煤油和某些润滑油产品的质量指标。

轻柴油颜色按 GB/T 6540—86(91) 《石油产品色度测定法》规定方法测定，色号从 0.5～8.0，共 16 个色号，0.5 颜色最浅，8.0 颜色最深。

GB 252—2000《轻柴油质量指标》规定轻柴油的色度不大于 3.5，颜色是金黄色。色泽的深浅取决于油中胶质含量的多少，胶质除去的越多，色泽就越浅，一般加氢的柴油，其物理性质较为稳定，不会变色，相应的产品质量也较好。

（二）测定方法

GB/T 6540—86(91)《石油产品色度测定法》的方法概要：将试样注入试样容器中，用一个标准光源从 0.5～8.0 值排列的颜色玻璃圆片进行比较，以相等的色号作为该试样的色号。如果试样颜色找不到确切匹配的颜色，而落在两个标准颜色之间，则报告两个颜色中较高的一个颜色。

（三）测定意义

（1）色度直接影响石油产品的品质与价格。石油产品色泽越深说明含胶质越多，色泽越浅说明含胶质越少，产品质量较好。但对于不同原油生产的馏分相同的产品，则不能单纯用颜色的深浅来评定油品质量的好坏。

（2）评价油品精制程度和安定性。油品颜色越深，色度越大，则其精制程度和储存安定性越差，一般加氢的柴油，其物理性质较为稳定，不会变色，相应的产品质量也较好。

二、仪器准备

车用柴油色度测定实验所需主要仪器设备见图 2-51。

(a) 石油产品色度测定仪器

(b) 平底玻璃试管

图 2-51　车用柴油色度测定仪器

GB/T 6540—86(91)《石油产品色度测定法》要求玻璃试管内径为 30～33.5mm，高为 115～125mm 的透明平底玻璃试管。

三、试剂准备

车用柴油色度实验所需试剂有柴油试样和蒸馏水，如表 2-39。

表 2-39　车用柴油色度测定试剂

试剂	用量/mL	使用说明
车用柴油	100	—
蒸馏水	50	用于比色

四、操作步骤

M8-2

（一）操作技术要点

车用柴油色度测定的步骤为：注入试样→开始实验→读取色号等三步。操作技术要点如表 2-40。

表 2-40　车用柴油色度测定的操作步骤和技术要点

操作步骤	技术要点	
注入试样	(1)把蒸馏水注入试样容器至 50mm 以上的高度，将该试样容器放在比色计的格室内，通过该格室可观测到标准玻璃比色板 (2)再将装柴油试样的另一试样容器放进中间格室内。盖上盖子，以隔绝一切外来光线(见图 2-52)	图 2-52　将试管放入格室

续表

操作步骤	技术要点
测定色度	(1)接通光源,眼镜对准观察视窗,如图 2-53 (2)调节面板左右两面的旋钮,如图 2-54 所示。尽量使样品色与标准玻璃色片一致 图 2-53　眼镜对准观察视窗　　　图 2-54　调节面板左右两旋钮
读取色号	(1)如果样品色与某一个标准玻璃色片一致。读出该标准色片相应的色号,即为该油样的色号。例如 3.0,7.5 (2)如果样品色介于两个标准玻璃色片之间,读出标准片中颜色较深的色片对应的色号(或号码较大的色号),并在色号前面加"小于",即为该试样色号。例如:小于 3.0 号,小于 7.5 号。绝不能报告为颜色深于给出的标准,例如:大于 2.5 号,大于 7.5 号,除非颜色比 8 号深,可报告为大于 8 号 (3)如果试样用煤油稀释,则在报告混合物颜色的色号后面加上"稀释"两字

（二）数据记录方法

车用柴油色度测定数据记录单如表 2-41。

表 2-41　色度测定记录单

样品名称		分析时间	
检测依据		GB/T 6540—86(91)	
试验次数	1		2
色度/号			
分析人			

（三）经验分享

（1）玻璃试管中装入试样的液面高度至少 50mm 以上。

（2）观察颜色时一定要保证视线和标准玻璃比色板垂直。

【任务评价】<<<——

一、精密度

用下列规定来判断试验结果的可靠性（95％置信水平）。

1. 重复性

同一操作者两个结果色号之差不能大于 0.5 号。

2. 再现性

不同操作者两个结果色号之差不能大于 0.5 号。

二、考核评价

考核时限为 20min,其中准备时间 5min,操作时间 15min。从正式操作开始计时。提前完成操作不扣分,超过规定操作时间按规定标准评分。违章操作或出现事故停止操作。车用柴油色度测定操作考核内容、考核要点、评分标准见表 2-42。

表 2-42 色度的测定评分记录

序号	考核内容	考核要点	配分	评分标准	扣分	得分
1	取样	选择正确的样品	20	取样错误停止操作		
		取样有溅失		有溅失扣10分		
		取样量准确		超量扣10分		
2	测定试样	加入参比液	60	未加参比液扣10分		
				加入量不够扣10分		
		试样杯外壁干净		不干净扣10分		
		盖盖子		未盖盖扣10分		
		接通光源		未接光源扣10分		
		仪器预热(时间以现场规定为准)		未预热扣10分		
		判断色号		色号判断不准扣20分		
3	记录	记录填写正确及时,无杠改,无涂改	4	杠改,涂改扣2分		
		如实填写数据		记录错误扣2分		
4	实验管理	台面整洁,仪器摆放整齐	14	记录不及时扣2分		
		废液正确处理		有意凑改数据扣10分		
		器皿完好		台面不整洁或仪器摆放不整齐,扣2分		
5	安全文明操作	按国家或企业颁布的有关规定执行	2	废液处理不当扣2分		
6	考核时限	在规定时间内完成		操作中打碎器皿扣1分		
				每违反一项规定从总分中扣5分		
				严重违规取消考核		
				到时停止操作		
合计			100			

【拓展训练】 <<←——

一、选择题

(1) 测定铂钴色度时,错误的观察溶液的颜色方法是 (   )。

A. 在日光灯下观察   B. 在日光照射下观察

C. 从上往下观察   D. 站在光源好的侧面观察

(2) GB 3143 规定,报告铂钴色度时,试样的颜色以 (   ) 的标准铂钴对比溶液的颜色单位表示。

A. 最接近试样   B. 比试样颜色稍浅

C. 比试样颜色稍浅   D. 按要求选择深或浅

(3) 关于铂钴色度标准比色母液的贮存,正确的是 (   )。

A. 放入易于观察颜色的带塞白色玻璃瓶中

B. 放入带塞棕色玻璃瓶中

C. 置于暗处

D. 可以保存 1 年

(4) 在铂钴色度测定中,可能用到的仪器有 (   )。

A. 分光光度计   B. 纳氏比色管   C. 沸水浴   D. 比色管架

(5) 测定铂钴色度时,错误的观察溶液的颜色方法是 (   )。

A. 在日光灯下观察   B. 在日光照射下观察

C. 从上往下观察   D. 站在光源好的侧面观察

(6) GB 3143 规定,报告铂钴色度时,试样的颜色以 (   ) 的标准铂钴对比溶液的颜色单位表示。

A. 最接近试样　　　　　　　　　　B. 比试样颜色稍浅

C. 比试样颜色稍浅　　　　　　　　D. 按要求选择深或浅

（7）检查化验员王某的铂钴色度报告时，发现有如下表示方式，错误的是（　　　）。

A. 5Hazen 单位　　　B. 具体描述颜色　　　C. 15 铂-钴色号　　　D. 5#

（8）判定商品石蜡牌号的一个主要指标是（　　　）。

A. 含油量　　　　　　B. 熔点　　　　　　　C. 光安定性　　　　　D. 色度

二、判断题

（1）目视比色需在白色背景下，从侧面观察与样品最相近的标准色列为色度值。（　　　）

（2）测定样品的铂钴色度时，试样和标准比色液都应注满到刻线处。（　　　）

（3）测定铂钴色度用的稀释溶液可以保存 1 个月，最好不要新鲜配制。（　　　）

（4）测定铂钴色度所用的纳氏比色管有 50mL 或 100mL 两种，在底部以上 50mm 处有刻度标记。（　　　）

（5）测定样品的铂钴色度时，试样和标准比色液都应注满到刻线处。（　　　）

三、简答题

如果试样颜色介于两个标准玻璃比色板之间，如何上报结果？

参考答案

一、选择题

（1）D；（2）A；（3）B，C，D；（4）A，B，C，D；（5）D；（6）A；（7）D；（8）B

二、判断题

（1）×；（2）√；（3）×；（4）×；（5）√

三、简答题

如果样品色介于两个标准玻璃色片之间，读出标准色片中颜色较深的色片对应的色号（或号码较大的色号），并在色号前面加"小于"，即为该试样色号。

项目九　车用柴油凝点的测定

M9-1

【任务介绍】《《《—

气温低时，柴油汽车发动不起来，需要检测油品的凝点指标。

【任务分析】《《《—

凝点是评价油品低温流动性能的指标。油品凝点增高，在低温时就会凝固，发动机就启动不了，所以低温行车时，一定要选用凝点低的油品。按照 GB/T 510—1983(1991)《石油产品凝点测定法》检测试样凝点。

教学任务：在规定时间内测定车用柴油凝点。

教学重点：掌握石油产品凝点测定法 [GB/T 510—1983(1991)]。

教学难点：确定凝点范围，判断试样是否凝固不流动。

【任务实施】 <<<←——

一、知识准备

(一) 基本概念

1. 凝点

凝点 (condensation point) 指油品在实验规定的条件下,冷却至液面不移动时的最高温度,以℃表示。

凝点是油品完全失去流动性的温度,而不是凝固,因为此时油品未凝成坚硬的固体,仍是一种黏稠的膏状物。

2. 黏温凝固

对含蜡很少或不含蜡的油品,当温度降低时,其黏度增加,而黏度增加到一定程度时,油品就会变成无定形的黏稠玻璃状物质而失去流动性,这种现象称为黏温凝固 (sticky temperature solidification)。

3. 构造凝固

对含蜡油温度逐渐降低时,油品中所含的蜡在达到熔点时逐渐结晶析出。最初析出的是用肉眼观察不到的极其细微的结晶,使原来透明的油品产生云雾状的浑浊现象;继续降温,蜡的结晶体逐渐清晰可见;进一步降温,蜡的结晶现象加剧,并聚合起来形成结晶网络,蜡结晶均匀分散在液相中,将处于液相的油包在其中,使整个油品失去流动性,这种现象称为构造凝固 (structure solidification)。

黏温凝固和构造凝固是油品失去流动性的两种不同状态。

(二) 测定方法

GB/T 510—83(91)《石油产品凝点测定法》的方法概要:利用凝固点测定仪在规定的条件下冷却试样到预期温度时,倾斜试管45°,保持1min,观察液面是否移动。记录不流动试样在试管中不流动的最高温度,即为该试样凝点。

(三) 测定意义

凝固点是车用柴油低温流动性非常重要的质量指标,也是划分柴油牌号的依据。

(1) 评价柴油的重要质量指标 对其储存、运输和使用具有指导意义,可用于确定柴油的适用温度范围。在输送和使用时的温度要比油品的凝点高3℃以上,保证油品流动性。

(2) 划分柴油牌号 例如-20号车用柴油要求其凝点不高于-20℃。凝点不高于柴油各自牌号。根据凝点可选用该油的使用温度,确保在不同的地区和气温下,选用合适牌号的油品。户外作业要求选用凝点低于环境温度7℃以上的柴油。

二、仪器准备

车用柴油凝点测定实验所需仪器设备见图2-55。

(a) 石油产品凝点测定仪器　　　(b) 圆底玻璃套管　　　(c) 圆底试管　　　(d) 温度计

图 2-55　柴油凝点测定仪器

GB/T 510—1983(1991)《石油产品凝点测定法》对实验所需仪器设备要求如下。

（1）圆底玻璃套管　高度130mm±10mm，内径4mm±2mm，用于盛装圆底试管。

（2）圆底试管　高度160mm±10mm，内径20mm±1mm，在距管底30mm的外壁处有一环形标线，用于盛装试样。

（3）酒精温度计　0～100℃，用于测定水浴温度50℃。

（4）水银温度计　—30～60℃，最小分度1℃，用于测定冷浴温度。

三、试剂准备

车用柴油凝点测定实验所需试剂有柴油试样、工业乙醇，如表2-43。

表2-43　柴油凝点测定试剂

试剂	用量	使用说明
柴油	100mL	若试样含水量大于产品标准允许范围，必须先行脱水。对含水多的试样应先静置，取其澄清部分进行脱水
工业乙醇	2000mL	用于低温冷浴

四、操作步骤

M9-2

（一）操作技术要点

柴油凝点测定的步骤为：设置冷浴温度→取样→预热试样→冷却试样→安装试管→找凝点温度范围→确定试样凝点七步。操作技术要点如表2-44。

表2-44　柴油凝点测定的操作步骤和技术要点

操作步骤	技术要点
设置冷浴温度	(1)先将冷槽注满工业乙醇，不得超过冷槽内层高度 (2)打开仪器电源开关，设置实验冷浴温度比试样预期凝点低7~8℃
取样	(1)在干燥清洁的试管中注入试样使液面至环形刻线处 (2)用软木塞将温度计固定在试管中央，水银球距管底8~10mm。如图2-56 图2-56　温度计安装
预热试样	将装有试样和温度计的试管垂直浸在50℃±1℃的水浴中，直至试样温度达到50℃±1℃为止

操作步骤	技术要点
冷却试样	(1) 从水浴中取出试管,擦干外壁 (2) 将试管安装在套管中央,垂直固定在支架上,在室温条件下静置,使试样冷却到 35℃±5℃。如图 2-57 (a)　　　　　　(b)　　　　　　(c)　　　　　　(d) 图 2-57　取出试管、擦干、安装套管、垂直冷却
安装试管	将试管放入装好冷却剂的容器中。冷却剂温度要比试样预期凝点低 7~8℃。外套管浸入冷却剂的深度不应少于 70mm
找凝点温度范围	(1) 当试样冷却到预期凝点时,将浸在冷却剂中的试管倾斜 45°,保持 1min,如图 2-58 (2) 小心取出仪器,迅速地用工业乙醇擦拭套管外壁,垂直放置仪器,透过套管观察试样液面是否有过移动 (3) 当液面有移动时,从套管中取出试管,重新预热到 50℃±1℃,然后用比前次低 4℃的温度重新测定,直至某实验温度能使试样液面停止移动为止 (4) 当液面没有移动时,从套管中取出试管,重新预热到 50℃±1℃,然后用比前次高 4℃的温度重新测定,直至某实验温度能使试样液面出现移动为止 图 2-58　试管倾斜 45°
确定试样凝点	找出凝点的温度范围(液面位置从移动到不移动或从不移动到移动的温度范围)之后,采用比移动的温度低 2℃或比不移动的温度高 2℃的温度,重新进行实验。如此反复实验,直至能使液面位置静止不动而提高 2℃又能使液面移动时,取液面不动的温度作为试样的凝点

（二）数据记录方法

车用柴油凝点测定数据记录单如表 2-45。

表 2-45　车用柴油凝点测定数据记录单

样品名称		分析时间	
检测依据		GB/T 510—83(91)	
试验次数	1		2
温度计号			
冷浴温度/℃			
凝固点温度/℃			
报出结果/℃			
分析人			

（三）经验分享

（1）实验过程中，在观察液面是否有移动时，发现玻璃套管内有水雾，观察不清楚。

分析原因：在低温冷却和取出观察的过程中，温差较大，使套管内产生水雾。

解决办法：实验前在套管底部注入无水乙醇 1~2mL。

（2）试样凝点测定结果偏高。

分析原因：①冷却剂的温度与试样预期凝点温差较小，托长测定时间，使结果偏高；②油品中含有水分，水在 0℃时开始结晶，使测定结果偏高。

解决办法：①将冷却剂温度调低，控制冷却剂的温度比试样预期凝点低 7~8℃；②实验前对油品进行脱水处理。

（3）试样凝点测定结果偏低。

分析原因：①冷却剂的温度与试样预期凝点温差较大。冷却剂温度低得太多，使冷却速度过快，在倾斜 1min 内温度还会继续下降，使结果偏低；②测凝点的温度计在试管内的位置没有固定好，会搅动油样，阻碍了石蜡"结晶网络"的形成；③油品中含有杂质，阻碍油品中石蜡形成结晶网；④温度计插入位置距离圆底试管底部太近。

解决办法：①将冷却剂温度调高，控制冷却剂的温度比试样预期凝点低 7~8℃；②将温度计固定在试管中央，不能活动；③实验前对油品进行除杂处理；④温度计插入位置距离圆底试管底部 8~10mm。

（4）压缩机不制冷。

分析原因：①错误操作，造成压缩机损坏，压缩机一旦开机，短时间内不允许关闭，否则造成压缩机永久损坏；②保险丝烧爆。

解决办法：①联系生产厂家维修；②更换相同型号的保险丝。

【任务评价】<<<←

一、精密度

用以下数值来判断结果的可靠性（95%置信水平）。

1. 重复性

同一操作者重复测定两个结果之差不应超过 2.0℃。

2. 再现性

由两个实验室提出的两个结果之差不应超过 2.0℃。

二、报告

取重复测定两个结果的算数平均值，作为试样的凝点。

如果需要检测试样的凝点是否符合技术标准，应采用比技术标准规定的凝点高 1℃来进行试验，此时液面的位置如能够移动，就认为凝点合格。

三、考核评价

考核时限为 125min，其中准备时间 5min，操作时间 120min。从正式操作开始计时。提前完成操作不扣分，超过规定操作时间按规定标准评分。违章操作或出现事故停止操作。车用柴油凝点测定操作考核内容、考核要点、评分标准见表 2-46。

表 2-46　车用柴油凝点测定评分记录表

序号	考核内容	考核要点	配分	评分标准	扣分	得分
1	准备工作	工具、器具准备	5	每少选一件扣 2.5 分		
2	准备、测定	正确选择冷却剂温度,比预期凝点低 7~8℃	3	不能正确选择冷却剂温度扣 3 分		
		试样脱水	3	对含水试样未脱水或者脱水操作不正确扣 3 分		
		注入试管的试样准确	3	不准确扣 3 分		
		凝点低于 0℃时套管中注入无水乙醇	3	未按要求做扣 3 分		

续表

序号	考核内容	考核要点	配分	评分标准	扣分	得分
2	准备、测定	温度计固定在试管中央,并使水银球距管底8~10mm	3	达不到要求扣3分		
		将装试样及温度计的试管垂直浸在50℃±1℃的水浴中直到试样温度达到50℃±1℃	3	达不到要求扣3分		
		从水浴中取出试管,擦于外壁牢固装在套管中,将套管放在固定的支架上在室温中冷却试样至35℃±5℃	3	达不到要求扣3分		
		将套管放在冷却剂中冷却,当试样温度冷却到预期的凝点时,将套管倾斜45°并保持1min	15	试管(外套管)浸入冷却剂的深度少于70mm扣3分		
				确定预期凝点时未对温度计读数进行校正扣3分		
				预期凝点估计错误扣3分		
				倾斜角度不正确扣3分		
				倾斜过程中试样部分露出冷却剂液面扣3分		
				保持时间不正确扣3分		
		从冷却剂中取出仪器迅速用工业乙醇擦拭套管外壁,垂直放置仪器并透过套管观察试管液面是否有移动迹象	2	未擦拭套管外壁扣3分		
			3	仪器不垂直扣3分		
			4	结果判断不准确扣3分		
		位置有移动时,从套管中取出试管,并将试管重新预热至试样达50℃±1℃,然后用比上次温度低4℃或其他更高的温度 重新进行测定,直至某实验温度能使液面位置停止移动为止	10	未经50℃±1℃水浴加热直接实验扣5分		
				预期凝点改变后,冷浴温度未做相应的调整扣5分		
				实验温度低于-20℃时,程序测定前应将装有试样和温度计的试管放在室温中,待试样温度升到-20℃才将试管浸在水浴中加热,否则扣5分		
		找出凝点温度范围之后用比移动温度低于2℃或采用比不移动的温度高2℃的温度重新测定,直至测出准确的凝点	5	未按要求做扣5分		
3	记录、计算	读数正确	10	读数错误扣5分;修约错误扣2分		
		填写正确		错误每处扣2分;丢落项每处扣2分		
		不得涂改		记录涂改每处扣2分;杠改每处扣1分		
4	分析结果	精密度	15	精密度不符合标准规定扣15分		
		准确度	10	准确度不符合标准规定扣10分		
5	安全文明生产	遵守安全操作规程;在规定时间内完成		每违反一项规定从总分中扣5分,严重违规者停止操作;每超时1min从总分中扣5分,超时3min停止操作		
		合计	100			

【拓展训练】 <<<——

一、选择题

(1) 石油产品含蜡越多,凝点_____。

A. 不变化　　　　B. 越不确定　　　　C. 越低　　　　D. 越高

(2) 石油产品凝点测定与冷却速度有关,若冷却速度太快,测定结果_____。

A. 不变化　　　　B. 不确定　　　　C. 偏高　　　　D. 偏低

(3) SH 0165 规定，对含蜡油品脱水时，应预热到高于其凝点 _____ ℃。

A. 5～10　　　　　 B. 10～15　　　　 C. 15～20　　　　 D. 20～25

(4) 在不同的冷却速度和加热条件下，凝点的测定结果有明显差异的原因有 _____ 。

A. 石蜡在油中的溶解度不同　　　　　 B. 结晶温度基本相同

C. 形成的晶形结构不同　　　　　　　 D. 形成网状骨架的能力不同

(5) GB 252 规定 0 号普通柴油的凝点应不高于 _____ ℃。

A. 0　　　　　　　 B. 5　　　　　　 C. 10　　　　　　 D. 1

二、判断题

(1) 反应润滑油流动性的质量指标主要有黏度、倾点和凝点等。（　　　）

(2) 润滑油及深色石油产品在实验条件下，冷却到液面不移动时的最高温度，称为凝点。（　　　）

(3) 石油产品凝点测定与冷却速度有关，若冷却速度太快，会导致测定结果偏高。（　　　）

(4) 普通柴油、标准柴油的牌号按倾点划分。（　　　）

三、简答题

(1) 测定凝点的温度计在试管内的位置要固定好的目的是什么？

(2) 测定石油产品凝点，在试管外再套以玻璃套管的作用是什么？

(3) 每看完一次液面是否移动后，试油都要重新预热至（50±1）℃的目的是什么？

(4) 油品凝点的高低与什么有关？

(5) 油品凝点测定时，因冷却速度太快而导致结果偏低，为什么？

(6) 为什么在测定凝点时要规定预热温度？

(7) 测定石油产品凝点的意义？

参考答案

一、选择题

(1) D；(2) D；(3) C；(4) ACD；(5) A

二、判断题

(1) √；(2) √；(3) ×；(4) ×

三、简答题

(1) 温度计必须固定在试管中央，不能活动，防止影响石蜡结晶的形成，造成测定结果偏低。

(2) 控制冷却速度，因为隔一层玻璃套管，传热就不那么快，保证试管中的试油缓慢均匀地冷却，使测定结果准确。

(3) 主要目的是将油品中的石蜡晶体溶解，破坏其"结晶网络"，使其重新冷却和结晶。而不至于在低温下停留时间过长。

(4) 油品凝点高低主要和馏分的轻重、化学组成有关。一般来说，馏分轻则凝点低，馏分重则凝点高。

(5) 因为当油品进行冷却时，冷却速度太快，而油品的晶体增长较慢，需要一个过程，这个过程不是随冷却过程的加快而加快。所以会导致油品在晶体尚未形成坚固的"结晶网络"前，温度就降了很多，这样的测量结果就偏低了。

(6) 因为油品中的石蜡在进行加热时，其特性有不同程度的改变，在油品冷却时，形成"结晶网络"过程和能力也随之改变。所以在测定凝点时规定了预热温度，使测定结果准确。

(7) 凝点是润滑油规格中一项重要的质量指标，用以判断流动性，对生产、运输、使用都具有重要意义，在低温地区使用的油品要有足够低的凝点，以保证正常输送，机器正常启动和运转。

项目十　车用柴油冷滤点的测定

M10-1

【任务介绍】 <<<—

气温低时，柴油汽车发动不起来，检查油品滤网时，发现有凝固的油品，需要检测油品冷滤点指标。

【任务分析】 <<<—

冷滤点是评价油品低温性能的指标。它能够反映柴油低温实际使用性能，最接近柴油的实际最低使用温度。用户在选用柴油牌号时，应同时兼顾当地气温和柴油牌号对应的冷滤点。按照 SH/T 0248—2006《柴油和民用取暖油冷滤点测定法》测定油样冷滤点。

教学任务：在规定时间内测定车用柴油冷滤点。

教学重点：柴油冷滤点测定法（SH/T 0248—2006）。

教学难点：调节 U 形管压差计，安装温度计、吸量管、过滤器。

【任务实施】 <<<—

一、知识准备

（一）基本概念

冷滤点（cold filter plugging point）是将试样在规定的条件下冷却，当试样不能流过过滤器或 20mL 试样流过过滤器的时间大于 60s 或试样不能完全流回试杯的最高温度，以"℃"（按 1℃ 的整数）表示。一般冷滤点比凝点高 2～6℃。

（二）测定方法

SH/T 0248—2006《柴油和民用取暖油冷滤点测定法》的方法概要：利用冷凝点测定仪在规定条件下冷却 20mL 试样到一定温度时，用 1.961kPa（200mm 水柱）的压力抽吸，让试样通过一个 330 目过滤网，并以 1℃ 间隔降温，测定试样在 60s 内不能通过滤网时的温度，即为冷滤点。

（三）测定意义

冷滤点是衡量柴油低温性能的重要指标，能够反映柴油低温实际使用性能。最接近柴油的实际最低使用温度。用户在选用柴油牌号时，应同时兼顾当地气温和柴油牌号对应的冷滤点。规定轻柴油和车用柴油要在高于其冷滤点 5℃ 的环境温度下使用。5 号轻柴油的冷滤点为 8℃，0 号轻柴油的冷滤点为 4℃，—10 号轻柴油的冷滤点为 —5℃，—20 号轻柴油的冷滤点为 —14℃。

目前，国外许多国家用冷滤点取代浊点和凝点，评价柴油低温流动性。

二、仪器准备

车用柴油冷滤点测定实验所需仪器设备见图 2-59。

SH/T 0248—2006《柴油和民用取暖油冷滤点测定法》对仪器要求如下：

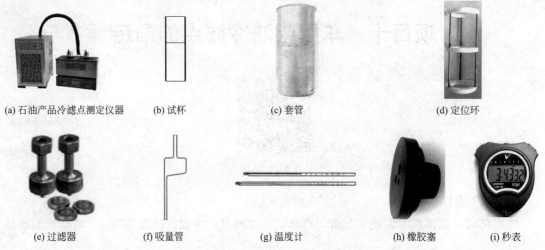

| (a) 石油产品冷滤点测定仪器 | (b) 试杯 | (c) 套管 | (d) 定位环 |

| (e) 过滤器 | (f) 吸量管 | (g) 温度计 | (h) 橡胶塞 | (i) 秒表 |

图 2-59 车用柴油冷滤点测定仪器

（1）试杯 玻璃制，平底筒形，杯上 45mL 处有一刻线。

（2）套管 黄铜制，平底筒形，内径 45mm，壁厚 1.5mm，管高 113mm。

（3）定位环 用于固定套管。

（4）过滤器 各部件均为黄铜制，内有黄铜镶嵌 330 目的 004 号不锈钢丝网，用带有外螺纹和支脚的圈环自下端旋入，紧固。使用 20 次后要重新更换。

（5）吸量管 玻璃制，20mL 处有一刻线。

（6）橡胶塞 塞子上有三个孔，各用来装温度计、吸量管和通大气支管。用以堵塞试杯的上口。

（7）温度计 冷滤点等于或高于 $-30℃$ 时，用 $38 \sim 50℃$ 的温度计；冷滤点小于 $-30℃$ 时，用 $-88 \sim 20℃$ 温度计。

三、试剂准备

车用柴油冷滤点测定实验所需试剂有柴油试样、无水乙醇、丙酮，如表 2-47。

表 2-47 车用柴油冷滤点测定试剂列表

试剂	用量	使用说明
柴油	100mL	含水试样，脱水后才能进行测定；试样中如有杂质，先将试样加热到 15℃ 以上，用不起毛的滤纸过滤，除去杂质，防止堵塞过滤器
无水乙醇	20mL	用于清洗
丙酮	15mL	用于浸泡钢丝网

四、操作步骤

M10-2

（一）操作技术要点

车用柴油冷滤点测定的步骤为：设置冷浴温度→安装套管→调节 U 形管压差计→安装

温度计、吸量管、过滤器→取样→连接抽真空系统→测定冷滤点→确定冷滤点→仪器洗涤与整理等九步。操作技术要点如表2-48。

表2-48 车用柴油冷滤点测定的操作步骤和技术要点

操作步骤	技术要点
设置冷浴温度	(1)将冷槽注满工业乙醇,液面不可超过冷槽内侧上边缘 (2)打开仪器电源开关,按表2-49,根据试样的预期冷滤点调节冷浴温度
安装套管	将套管、支撑环依次放入冷浴盖孔中,套管口用盖子盖住,如图2-60所示  (a) (b) (c) 图2-60 安装套管
调节U形管压差计	(1)观察吸滤装置的U形管压差计是否在零点,如果不在零点,查看5L水瓶中水位是否在通气管的4200mm刻线处,如果不在,补充或者放出部分蒸馏水 (2)打开吸滤装置开关,U形管压差显示200mm,如图2-61 (3)按下每条管线对应的吸滤按钮,调节每个吸滤管线的出口空气流量,调整为250mL/min(15L/h) 200mm 200mm 图2-61 U形管压差显示200mm
安装温度计、吸量管、过滤器	(1)选择合适量程的温度计将温度计插入耐油塞子的温度计插孔内,如图2-62 (2)将洁净的吸量管的下端长管插入耐油塞子的吸量管插孔中,如图2-62 (3)旋松黄铜底座上部螺帽将吸量管下端插入黄铜底座上,再旋紧螺帽,如图2-63  图2-62 安装温度计、吸量管　　图2-63 安装过滤器

操作步骤	技术要点
取样	(1)将已过滤好的试样装入试杯中至45mL刻线处 (2)将装有温度计、吸量管(已预先与过滤器接好)的橡胶塞塞入盛有45mL试样的试杯中,使温度计垂直,温度计距试杯底部应保持1.3～1.7mm,过滤器垂直放于试杯底部,如图2-64 (3)将装有试样的试杯放入热水浴中,当试样温度达到(30±5)℃时取出 (4)打开套管口塞子,将准备好的试杯垂直放置于预先冷却到预定温度冷浴中的套管内 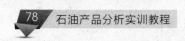 图 2-64　过滤器垂直放于试杯底部
连接抽真空系统	将吸滤管线与吸量管的上部出口紧密相接,不松动,如图2-65 (a)　　　　　　　　　　　　(b) 图 2-65　连接真空管
测定冷滤点	(1)试杯插入套管后,立刻开始试验。按下吸滤按钮并同时按下秒表计时,如图2-66 (2)若已知试样浊点,最好将试样直接冷却到浊点以上5℃及试样温度达到合适的整数时,开始试验 (3)当试样达到吸量管上部刻线时,松开吸滤开关并停止计时。使吸量管与大气相通,使样品回流至实验杯 图 2-66　按下吸滤按钮
确定冷滤点	(1)试样每降温1℃,重复本操作一次,直到试样60s内不能完全充满实验杯,记录此时吸滤开始的温度,即为试样的冷滤点 (2)一次冷滤点实验的吸滤次数最多不超过6次,过多的吸滤次数导致结果的不准确性,可考虑更换更低温的冷浴进行实验
仪器洗涤与整理	(1)实验结束时,带防护手套将试杯从套管中取出,拆下吸滤管线,加热熔化 (2)将实验杯上的塞子扭开,倒掉试样 (3)用溶剂清洗各组件,用空气风吹干备用

表 2-49 冷浴温度

预期冷滤点	冷浴需要的温度
高于−20℃	−34℃±0.5℃
−20～−35℃	−34℃±0.5℃，然后−51℃±1.0℃
低于−35℃	−34℃±0.5℃，然后−51℃±1.0℃，最后−67℃±2.0℃

（二）数据记录方法

车用柴油冷滤点测定数据记录单如表 2-50。

表 2-50 车用柴油冷滤点测定数据记录单

样品名称								分析时间				
检测依据						SH/T 0248—2006						
试验次数			1						2			
抽滤温度/℃												
通过时间/s												
冷滤点/℃												
温度计补正值/℃												
报出结果/℃												
温度计号												
温度计补正值/℃												
实际温度/℃												
标准密度/(g/cm³)												
分析人												

（三）经验分享

测定冷滤点时，按下吸滤按钮，试样不能达到吸量管上部刻线。

分析原因：①乳胶管与吸量管连接处不紧；②过滤器安装不紧密；③过滤器滤网堵塞；④试样中有水和杂质。

解决办法：①用细绳或橡皮筋等将乳胶管与吸量管连接处绑紧；②重新安装过滤器，检查是否安装配套小胶圈；③对着日光灯观察滤网认真检查钢丝网有无堵塞，如有堵塞，更换新的滤网，有堵塞的滤网用溶剂浸泡，清洗；④对试样进行脱水除杂处理。

【任务评价】<<<←

一、精密度

用下述规定判断试验结果的可靠性（95％置信水平）

1. 重复性

同一操作者重复测定两个结果之差，不应超过由式(2-8)计算的数值。

$$r=0.033(30-\overline{t}) \tag{2-8}$$

式中　r——重复性最高允许数值，℃；

　　　$\overline{t}$——两个测定结果的平均值，℃。

2. 再现性

由两个实验室各自提出的结果之差，不应超过由式(2-9)计算的数值。

$$R=0.092(30-\overline{t}) \tag{2-9}$$

式中　R——再现性最高允许数值，℃；

　　　$\overline{t}$——两个测定结果的平均值，℃。

当冷滤点在−35～0℃时，重复性和再现性可由图 2-67 查得。

二、考核评价

考核时限为 95min，其中准备时间 5min，操作时间 90min。从正式操作开始计时。提前

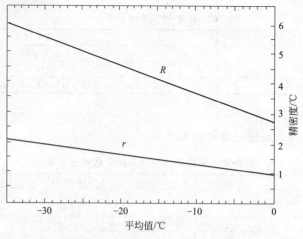

图 2-67　冷滤点试验精密度

完成操作不扣分，超过规定操作时间按规定标准评分。违章操作或出现事故停止操作。车用柴油冷滤点测定操作考核内容、考核要点、评分标准见表 2-51。

表 2-51　车用柴油冷滤点的测定评分记录表

序号	考核内容	考核要点	配分	评分标准	扣分	得分
1	准备工作	试样除杂	5	试样未除杂，扣 2 分		
		试样脱水		试样未脱水，扣 2 分		
		安装套管。将套管用支持环固定在冷浴盖孔中，套管口用塞子塞紧		套管口未用塞子塞紧，扣 1 分		
2	安装装置	将装有温度计、吸量管的橡胶塞塞入盛有 45mL 试样的试杯中，使温度计垂直，温度计距试杯底部应保持 1.3～1.7mm	10	温度计距试杯底部没有保持 1.3～1.7mm，扣 5 分		
		过滤器垂直放于试杯底部，然后置于热水浴中，使油温达到 30℃±5℃		油温未达到 30℃±5℃，扣 5 分		
3	联接抽真空系统	将抽真空系统与吸量管上的三通阀连接好。启动水流泵进行抽空	20	在进行测定前，吸量管与抽空系统接通，扣 10 分		
				U 形管压差计稳定在 1.961kPa（200mm 水柱），扣 10 分		
4	测定	当试样冷却到比预期温度（一般比冷滤点高 5～6℃时），开始第一次测定。转动三通阀，使抽空系统与吸量管接通，同时用秒表计时。由于真空作用，试样开始通过过滤器，当试样上升到吸量管 20mL 刻线处，关闭三通阀，停止计时，转动三通阀，使吸量管与大气相通，试样自然流回试杯	30	当试样上升到吸量管 20mL 刻线处，没有关闭三通阀，转动三通阀，使吸量管与大气相通，扣 20 分		
		每降低 1℃，重复测定操作，直至通过过滤器的试样不足 20mL 为止。记下此时的温度，即为试样冷滤点		未按要求，重复测定操作，扣 10 分		
5	记录	记录填写正确及时，无杠改，无涂改	10	填写不正确，一处错误扣 0.5 分，全不正确不得分		
				记录不及时，一处扣 0.5 分		
				一处杠改扣 0.5 分		
				一处涂改扣 1 分		
		如实填写数据		有意凑改数据扣 5 分（从总分中扣除）		

续表

序号	考核内容	考核要点	配分	评分标准	扣分	得分
6	分析结果	精密度符合标准要求	10	不符合标准规定扣10分		
		准确度符合标准要求	10	不符合标准规定扣10分		
7	实验管理	着装符合化验员要求	5	未按要求着装1处扣1分		
		台面整洁,仪器摆放整齐		台面不整洁,仪器摆放不整齐,一处扣1分		
		废液正确处理		废液处理不当一次扣1分		
		器皿完好		操作中打碎器皿一件扣1分		
8	安全文明操作	按国家或企业颁布的有关规定执行		违规操作一次从总分中扣除5分,严重违规停止本项操作		
9	考核时限	在规定时间内完成		按规定时间完成,每超时1min,从总分中扣5分,超时3min停止操作		
	合计		100			

【拓展训练】 <<<———

简答题

(1) 一般冷滤点比凝点高多少摄氏度?

(2) 冷滤点的测定意义是什么?

参考答案

简答题

(1) 一般冷滤点比凝点高2~6℃。

(2) 冷滤点是衡量柴油低温性能的重要指标,能够反映柴油低温实际使用性能。

项目十一　润滑油机械杂质的测定

M11-1

【任务介绍】 <<<———

发动机泵运转有异常,需要检查润滑油是否有机械杂质。

【任务分析】 <<<———

对样品进行机械杂质检测,如有机械杂质存在时,就会堵塞机泵的供油管,使其不能正常工作,需要更换新的润滑油。按照GB/T 511—88《石油产品和添加剂机械杂质测定法(重量法)》。

教学任务:在规定时间内测定润滑油杂质。

教学重点:掌握石油产品机械杂质测定法 (GB/T 511—88)。

教学难点:样品的洗涤和恒重。

【任务实施】 <<<———

一、知识准备

(一) 基本概念

石油产品中的机械杂质(density)是指存在于油品中所有不溶于特定溶剂的沉淀状物

质或悬浮状物质。

（二）机械杂质的来源与危害

1. 机械杂质的来源

油品中的机械杂质多数是由外界混入的，这些杂质主要有砂子、尘土、纤维、铁锈、铁屑等。原油中的机械杂质大部分来源于开采，少部分来源于储运过程；燃料油中的不饱和烃和少量的硫、氮、氧化合物，在长期储存中因氧化而形成部分不溶的黏稠物及重油中的炭青质 等也被当作机械杂质；润滑油中含有添加剂时，可发现 0.025% 以下的机械杂质，但不一定是外来杂质，而是添加剂组成中的物质。

2. 机械杂质的危害

（1）燃料类油品含机械杂质的危害　降低装置的效率，磨损零件，甚至使装置无法正常运行。例如，如果汽油中混有机械杂质，就会堵塞过滤器，减少供油量，甚至供油中断。

（2）润滑油中含机械杂质危害　增加机械摩擦和磨损，易堵塞滤清器，造成供油不正常，因此一般要求润滑油不含机械杂质。

（3）润滑脂中含机械杂质的危害　增加机械摩擦和磨损，破坏润滑作用。

（4）原油中含机械杂质的危害　增加原油运输费用，给原油的预处理造成困难，影响加工质量，造成管线结焦、结垢，堵塞管道和塔盘，降低生产能力。

（三）测定意义

油品中机械杂质的含量是油品重要的质量指标之一。通过测定其含量，判断油品的合格性，防止油品在使用过程中对机械造成危害。

（四）测定方法

GB/T 511—88《石油产品和添加剂机械杂质测定法（重量法）》的方法概要：测定时按规定量取试油，向盛有试油的烧杯中加入一定比例的温热溶剂，并趁热用溶剂将残留在烧杯中的残留物洗到滤纸上。直至滤出溶剂透明无色和滤纸上无油迹。冲洗完毕将带有沉淀的滤纸放入已恒重的称量瓶中，放入 105～110℃ 恒温干燥箱中干燥不小于 1h，并在干燥器中冷却 30min 后称量，称准至 0.0002g。重复干燥及称量操作，直至两次连续称量间的差数不超过 0.0004g。

（五）测定中所用溶剂的作用

（1）汽油　能溶解煤油、柴油、润滑油、石蜡等油品和中性胶质，但不能溶解沥青质、沥青质酸及酸酐，也不溶于水。因此测定精制过的及含胶状物质较少的石油产品及烃基润滑脂的机械杂质时，可以用汽油作为溶剂。但不能溶解炭青质，油品中的炭青质会混在机械杂质里。故测定深色未精制的石油产品、酸碱洗的润滑油、含添加剂的润滑油或添加剂的机械杂质时，可用苯作为溶剂。

（2）乙醇　能溶于水并可与水以任何比例相混合，也可溶解沥青质酸及酸酐，乙醚可溶于乙醇且容易挥发。测定时遇到试样含水多难过滤时，加入乙醇-乙醚混合液，可以加快过滤速度。测定添加剂和含添加剂润滑油的机械杂质时，也可以用乙醇-乙醚混合液冲洗残渣。

（3）10%盐酸溶液　与润滑脂中的皂类（高级脂肪酸盐）作用，使脂肪酸游离出来。

（4）水　主要用来作洗涤液，将残存于滤器上的酸类及盐类洗去。

（5）石油醚　溶解润滑脂中的润滑油组分和高级脂肪酸。

（6）1∶4乙醇-苯溶液　可溶解油分、沥青质等有机成分。

二、仪器准备

润滑油机械杂质测定实验所需主要仪器设备见图 2-68。

| (a) 烧杯 | (b) 称量瓶 | (c) 玻璃漏斗 | (d) 干燥器 | (e) 水浴锅 | (f) 烘箱 |

图 2-68　润滑油机械杂质测定主要仪器设备

三、试剂材料准备

润滑油机械杂质测定实验所需试剂有车用柴油试样、95％乙醇（化学纯）和蒸馏水，如表 2-52。

表 2-52　润滑油机械杂质测定试剂

试剂	用量	注意事项
车用柴油	100g	将盛在玻璃瓶中的试样（不超过瓶体积的 3/4）摇动 5min，使之混合均匀
95％乙醇(化学纯)	200mL	—
蒸馏水	200mL	—
定量滤纸	两张	中速，滤速 31～60s，直径 11cm

四、实验步骤

M11-2

（一）操作技术要点

润滑油机械杂质测定的步骤为：滤纸的准备→称量→试样溶解→试样过滤→洗涤→烘干→称量等七步。操作技术要点如表 2-53。

表 2-53　润滑油机械杂质测定的操作步骤和技术要点

操作步骤	技术要点
滤纸的准备	(1)将定量滤纸折好,放在称量瓶中,如图 2-69 (2)将装有滤纸的称量瓶,敞盖放入 105～110℃的烘箱中干燥不少于 1h (3)从烘箱中取出装有滤纸的称量瓶,然后盖上盖子,放在干燥器中冷却 30min,如图 2-70 (4)用分析天平称量,称准至 0.0002g,如图 2-71 (5)重复干燥。再次将装有滤纸并盖好盖子的称量瓶放入烘箱中,进行第二次干燥,只需 30min (6)干燥后,取出冷却 30min 后,再称量,称准至 0.0002g。重复干燥称量,直至连续两次称量之差不超过 0.0004g (7)恒定质量后的滤纸放入干燥器中冷却

图 2-69　滤纸放入称量瓶　　图 2-70　干燥器中冷却　　图 2-71　分析天平称量

操作步骤	技术要点
称量试样	用托盘天平称取摇匀并搅拌过的试样100g,准确至0.5g,如图2-72 (a)　　　　　　(b)　　　　　　(c) 图2-72　称量试样
溶解试样	(1)往已称好盛有试样的烧杯中,加入温热的溶剂油200～400g (2)并用玻璃棒小心搅拌至试样完全溶解 (3)再放到水浴上预热。在预热时不要使溶剂沸腾
过滤	(1)将恒定质量的滤纸放在固定于漏斗架上的玻璃漏斗中,趁热过滤试样溶液。过滤时漏斗中溶液高度不得超过滤纸的3/4 (2)并用温热溶剂油将烧杯中沉淀物冲洗到滤纸上
洗涤	过滤结束时,将带有沉淀的滤纸用溶剂油冲洗至滤纸上没有残留试样的痕迹,且滤出的溶剂完全透明和无色为止,如图2-73 (a)　　　　　　(b)　　　　　　(c) 图2-73　洗涤
烘干	冲洗完毕,将带有机械杂质的滤纸放入已恒定质量的称量瓶中,敞开盖子,放在105～110℃烘箱中不少于1h
称量	烘干后盖上盖子,放在干燥器中冷却30min后进行称量,称准至0.0002g。重复操作,直至连续两次称量之差不大于0.0004g为止

(二) 数据记录方法

润滑油机械杂质测定数据记录如表2-54。

表2-54　润滑油机械杂质测定记录单

样品名称		分析时间	
检测依据		GB/T 1884—2010	
试验次数	1		2
试样质量/g			

续表

样品名称		分析时间	
瓶＋滤纸＋机械杂质质量/g			
瓶＋滤纸质量/g			
机械杂质质量/g			
机械杂质含量/%			
分析人			

（三）经验分享

（1）称取试油之前，必须将试油充分摇匀，对于石蜡或黏稠的试油应经加热后充分摇匀后方可称取。

（2）所用的溶剂在使用前均应过滤，并按照标准方法中有关规定去选取，不能乱用，否则测定结果无效。

（3）所选用滤纸的疏密、厚薄以及溶剂的种类、用量应保持相同。

（4）干净滤纸和带有沉淀的滤纸不应在同一干燥箱内干燥，以免干净滤纸吸附溶剂及油气，影响恒重。

（5）到规定冷却时间后，立即称重，以免时间拖长、滤纸的吸湿作用而影响恒重。过滤及恒重操作应严格遵守重量分析的有关规定进行。

（6）用苯、石油醚或蒸馏水冲洗滤纸后，重量减小，而用乙醇或汽油冲洗滤纸后，重量增大，特别是乙醇对滤纸重量增大更明显。所以在试验中使用滤纸时，必须进行溶解的空白试验补正。

（7）测定双曲齿轮油、饱和气缸油等润滑油的机械杂质时，要注意滤纸上的残渣中有无砂子及其他摩擦物质，因为这些产品规格中的附注规定不许有砂子及其他摩擦物。

（8）本实验应特别注意防火，应在通风条件良好的实验室中进行，滤纸及洗涤液应倒入指定的容器中，并加以回收。

（9）如果机械杂质的含量没超过石油产品或添加剂的技术标准的要求范围，第二次干燥及称量处理可以省略。

【任务评价】 ‹‹‹—

一、计算

试样的机械杂质含量（X，质量分数）按式（2-10）计算

$$X=\frac{m_2-m_1}{m}\times100\%$$ (2-10)

式中 m_2——带有机械杂质的滤纸盒称量瓶的质量（或带有机械杂质的微孔玻璃滤器的质量），g；

m_1——滤纸盒称量瓶的质量（或微孔玻璃滤器的质量），g；

m——试样的质量，g。

二、精密度

按公式计算试样的机械杂质，重复测定连续两次结果之差，不应超过表2-55中的数值。

表 2-55 同一实验者连续两次测定结果的允许误差

机械杂质 w/%	允许差值/%	机械杂质 w/%	允许差值/%
<0.01	0.005	0.1~<1.0	0.02
0.01~<0.1	0.01	≥1.0	0.20

三、报告

取重复测定两个结果的算术平均值作为实验结果。机械杂质的含量在 0.005% 以下时，认为无。

四、考核评价

考核时限为 325min，其中准备时间 5min，操作时间 320min。从正式操作开始计时。提前完成操作不扣分，超过规定操作时间按规定标准评分。违章操作或出现事故停止操作。润滑油机械杂质测定操作考核内容、考核要点、评分标准见表 2-56。

表 2-56 润滑油机械杂质测定评分记录表

班级		学号		姓名			测定时间		
序号	考试项目	测评要点	配分	评分标准		检测结果	扣分	得分	备注
1	准备工作	工具、器具准备	5	每少选一件扣 2.5 分					
2	取样	将试样摇动 5min（石蜡和黏稠的石油产品预先加热到 40～80℃，然后搅拌 5min）	8	摇动时间不够扣 8 分					
		用托盘天平称取试样	5	天平使用不规范扣 5 分，不按规定样品量称取扣 5 分					
		按标准规定向盛有试样的烧杯中加入温热的溶剂油	5	未按规定加入扣 5 分					
3	天平的使用	正确使用分析天平	10	不能正确使用扣 10 分					
4	过滤冲洗	滤纸的折叠、放置符合规定	5	不符合规定扣 5 分					
		过滤：注意保持试液不超过滤纸 3/4 高	5	液面过高扣 5 分					
		冲洗次序：从上到下	4	由下到上扣 4 分					
		检查是否洗干净：滤出液完全透明无色	5	未检查扣 5 分					
5	烘干	滤纸叠好放入已恒重的称量瓶中，敞开盖子，放在 105～110℃烘箱中干燥不少于 1h	5	未敞开盖子扣 5 分；烘箱操作不规范扣 5 分；干燥时间小于 1h 扣 5 分					
6	称量恒重	按标准规定恒重称量，直至两次连续称量间的差数不超过 0.0004g 为止	8	操作不规范扣 4 分；差数达不到要求扣 4 分					
7	计算及记录	及时记录	10	未及时记录扣 2 分					
		正确计算		计算错误扣 10 分					
		填写正确		错误每处扣 2 分；丢落项每处扣 2 分；记录涂改每处扣 1 分；杠改每处扣 0.5 分					
8	分析结果	精密度	15	精密度不符合标准规定扣 15 分					
		准确度	10	准确度不符合标准规定扣 10 分					
9	安全文明生产	遵守安全操作规程：在规定时间内完成		每违反一项规定从总分中扣 5 分，严重违规者停止操作；每超过 1min 从总分中扣 5 分，超时 3min 停止操作					
	合　计		100						

【拓展训练】 <<<←

一、填空题

（1）油品中的机械杂质是指存在于油品中所有不溶于溶剂（   ）的沉淀状或悬浮状物质。

（2）内燃机油机械杂质测定中恒定滤纸质量时，先将定量滤纸放在敞盖的（   ）中，在（   ）的烘箱中干燥不少于（   ）。然后盖上盖子放在干燥器中冷却（   ）后，进行称量，称准至（   ）。重复干燥（   ），再称量，直至连续两次称量之差不超过（   ）。

二、简答题

（1）简述测定内燃机油机械杂质的方法概要。

（2）测定油品机械杂质的注意事项有哪些？

参考答案

一、填空题

（1）汽油、苯等；（2）称量瓶、105～110℃、1h、30min、0.0002g、30min、0.0004g

二、简答题

（1）称量一定量内燃机油试样，溶于所用的溶剂中，用已恒定质量的滤器过滤，被留在滤器上的杂质即为机械杂质。

（2）称取试样前必须充分摇匀；所用溶剂在使用前经过过滤处理；所用滤纸的疏密、厚薄以及溶剂的种类、数量最好是相同的；空白滤纸不能和带沉淀物的滤纸在烘箱里一起干燥，以免空滤纸吸附溶剂及油类的蒸汽，影响滤纸的恒重；到规定的冷却时间时，应立即迅速称量，以免时间拖长后，由于滤纸的吸湿作用而影响恒重；过滤操作应严格遵照重量分析的有关规定；所用的溶剂应根据试油的具体情况及技术标准有关规定去选用，不得乱用，否则，测定结果无法比较。

项目十二　润滑油水分的测定

M12-1

【任务介绍】 <<<←

油品发现浑浊现象，需检测油样水分指标。

【任务分析】 <<<←

当润滑油中含有较多的水时，水可以使润滑油乳化、添加剂（抗氧化剂、清净分散剂等）分解失效、加速氧化过程，使其润滑性变差，黏度下降，轻则导致润滑油过早变质和机件生锈，重则引起发动机抱轴、烧瓦等严重机械事故。按照 GB/T 260—77（88）《石油产品水分测定法》检测油样中水分含量是否超标。

教学任务：在规定时间内检测润滑油中水分的含量。

教学重点：掌握石油产品水分测定法 [GB/T 260—77（88）]。

教学难点：准确称量试样、安装设备和控制蒸馏升温速度。

【任务实施】 <<←——

一、知识准备

（一）石油产品中水分的来源及存在状态

1. 来源

（1）储运及使用中混入的水分　如容器不干燥、储油容器密封不严、水蒸气凝结等。

（2）吸收溶解空气中的水分　石油产品有一定的吸水性，像汽油、煤油几乎不与水混合，但仍可溶不超过 0.001% 的水。

2. 存在状态

水在油品中存在的状况有下列三种。

（1）悬浮水　水以细小液滴状悬浮于油品中，构成浑浊的乳化液或乳胶体。此种现象多发生于黏度较大的重质油中，其保护膜可由环烷酸、胶状物质、黏土等形成。很难沉淀分离，必须采用特殊脱水法。

（2）溶解水　水以分子状态均匀分散在烃类分子中，这种状态的水叫做溶解水。通常烷烃、环烷烃及烯烃溶解水的能力较弱，芳香烃能溶解较多的水分。温度越高，水在油品中的溶解量越多。汽油、喷气燃料几乎不与水混合但仍可溶有不超过 0.01% 的水，含量极少，要完全去除是比较困难的，且用 GB/T 260 方法无法测出。通常油品分析中所说的无水，是指没有游离水和悬浮水。

（3）游离水　析出微小水粒聚集成较大水滴从油中沉降下来，以油水分离状态存在。温度升高油品吸收空气中的水分，温度降低，已溶解的少量水分从油中析出，成为游离水，加上外界混入的水，这些游离水沉积在容器底部，这个过程反复多次，容器底部积水就会增加。这也是油罐底部出现水分的主要原因。

（二）石油产品含水的危害

（1）破坏油品低温流动性能　低温有水存在时，会因结冰而堵塞输油管，中断供油。尤其是航空燃料，如有水分，很危险。另外燃料油中含有水会把无机盐带入汽缸，腐蚀机件积碳增加。

（2）降低油品抗氧化性　油品中的水会溶解加入的抗氧化剂，加速油品生胶过程。

（3）降低溶剂油的溶解能力。

（4）降低润滑性能　增加润滑油的腐蚀性，同时，冬季冻结增加磨损。

（5）降低油品的介电性能　电器用油含水，会引起短路。介电性能是指在电场作用下，表现出对静电能的储蓄和损耗的性质。

（三）测定意义

1. 计算容器内油品的数量

由容器内油品的总量减去含水量，就是油品的实际含量。

2. 确定脱水方法

测出油品中的水分，可根据其含量的多少，确定脱水的方法，以防止造成以下危害：如石油产品中的水分蒸发时要吸收热量，会使发热量降低；轻质油品中的水分会使燃烧过程恶化，并能将溶解的盐带入汽缸内，生成积炭，增加汽缸的磨损；在低温情况下，燃料中的水会结冰，堵塞燃料导管和滤清器，阻碍发动机燃料系统的燃料供给；石油产品中有水会加速油品的氧化生胶；润滑油中有水时不但会引起发动机零件的腐蚀，而且水和高于 100℃ 的金属零件接触时会变成水蒸气，破坏润滑油薄膜。轻质油品密度小，黏度小，油品容易分离。

而重质油品则相反，不易分离。

3. 评定油品质量

水分是各种石油产品标准中必不可少的规格之一，也可作为油品生产进出装置物料主要控制指标。除为了节能和保护环境的需要，经过特殊处理的加水燃料外，在石油产品中一般不允许有水分存在。

（四）测定方法

GB/T 260—1977（1988）《石油产品水分测定法》的方法概要：将 100g 试样与 100mL 无水溶剂注入蒸馏烧瓶中混合，在规定的仪器中进行加热蒸馏，溶剂中轻组分首先汽化，将油品中的水携带出去，通过接受器支管进入冷凝管中，冷凝回流后流入接受器中，由于水与溶剂互不相溶，且水的密度比溶剂大，故在接受器中油水分层，水沉在接受器的底部，而溶剂连续不断地经接受器支管返回蒸馏瓶中，如此反复汽化冷凝，可将试样中水分几乎完全收集到到接受器中，直至接受器中水体积不再增加为止。根据接受器中的水量及试样的用量，通过计算，即可得到所测油品中水分的含量。

（五）无水溶剂的作用

无水溶剂的作用是降低试样黏度，以避免含水试样沸腾时发生冲击和起泡现象，便于水分蒸出；蒸出的溶剂被不断冷凝回流到烧瓶内，便于将水全部携带出来，同时可防止过热现象；若测定润滑脂，溶剂还起溶解润滑脂的作用。

二、仪器准备

润滑油水分测定实验所需主要仪器设备见图 2-74。

(a) 石油产品水　(b) 圆底烧瓶(容　(c) 水分接受器　(d) 直形冷凝管(长度为　　(e)量筒(容量为　　(f) 托盘天平(1000g)
分测定器　　　　量为500mL)　　　　　　　　　250～300mm)　　　　100mL)

图 2-74　汽油机油水分测定实验所需仪器设备

三、试剂准备

润滑油水分测定实验所需试剂有润滑油试样、120#溶剂油、沸石，如表 2-57。

表 2-57　水分测定试剂

试剂	用量	使用说明
润滑油	150mL	在称取试样前，必须将试样摇匀，并且迅速取样，使试样具有代表性，否则测定结果不能代表整个试样的含水量
120#溶剂油	100mL	(1)使用前必须进行脱水和过滤处理，可以用变色硅胶，也可以用无水氯化钙进行脱水处理 (2)也可使用直馏汽油(80～120℃)作为溶剂
沸石	3～4 粒	(1)取完试样后，取 3～4 粒沸石放入圆底烧瓶中，防止暴沸 (2)也可用 3～4 片无釉碎瓷片

四、操作步骤

M12-2

（一）操作技术要点

润滑油水分测定的步骤为：预热试样→称量试样→加入溶剂油和沸石→安装装置→加热→剧烈沸腾→停止加热→拆卸装置并读数等八步。操作技术要点如表2-58。

表2-58 汽油机油水分测定的操作步骤和技术要点

操作步骤	技 术 要 点
预热试样	(1)试样预热至40～50℃后,摇动5min,使其混合均匀 (2)摇匀时需戴隔热手套,避免烫手
称量试样	(1)在称量试样前,先称量洗净并烘干的空圆底烧瓶的质量,如图2-75 (2)向圆底烧瓶中加入试样100g,称准至0.1g,如图2-76 (3)如不慎称多,用移液管移出多余试样,不可倒回试样瓶 图2-75 称量圆底烧瓶　　　　　　图2-76 称量试样
加入溶剂油和沸石	(1)用量筒量取100mL溶剂油,注入圆底烧瓶中,均匀摇动蒸馏烧瓶,将其与试样混合均匀,并投放3～4粒沸石 (2)取样后,用瓶盖或软胶塞盖好圆底烧瓶 (3)取样总体积不超过圆底烧瓶体积3/4 (4)如不慎将溶剂油倒到圆底烧瓶外侧,则重新取样实验
安装装置	(1)将装有试样的圆底烧瓶放到石油产品水分测定器的加热套上 (2)将洗净、干燥的接受器支管紧密地安装在圆底烧瓶上,使支管的斜口进入蒸馏烧瓶15～20mm (3)在接受器上连接直形冷凝管,使冷凝管与接受器的轴心线互相重合,冷凝管下端的斜口切面要与接受器的支管管口相对 (4)用胶管连接好冷凝管上、下水出入口,使冷凝水下进上出 (5)当进入冷凝管的水温与室温相差较大时,在冷凝管的上端用棉花松松塞住,防止空气中的水蒸气进入冷凝管凝结,同时也防止试样中蒸出的水蒸气损失
加热	(1)打开电源,调节电压,加热圆底烧瓶,通过调节电压大小,控制回流速度,使冷凝管斜口每秒滴下2～4滴液体 (2)加热时,顺时针调节旋钮,将电压调到1/3以上,进行加热。回流第一滴后,调低电压,控制回流速度
剧烈沸腾	蒸馏将近完毕时,如果冷凝管内壁有水滴,应使烧瓶中的混合物在短时间内剧烈沸腾,利用冷凝的溶剂将水滴尽量洗入接受器
停止加热	(1)当接受器中收集的水体积不再增加而且溶剂的上层完全透明时,应停止加热。回流时间控制在60min内,但不少于30min (2)停止加热时,先将电压回零,再关闭电源,最后关冷凝水 (3)停止加热后,如果冷凝管内壁仍沾有水滴,可用无水溶剂油冲洗,或用金属丝带有橡胶或塑料头的一端小心地将水滴推刮进接受器中

续表

操作步骤	技 术 要 点
拆卸装置并读数	(1)圆底烧瓶冷却后,将仪器拆卸,读出接受器收集的水体积。将废油倒入废油桶里,清洗仪器 (2)读数时,读凹液面最低点,看实线 (3)接受器的刻度在 0.3mL 以下设有 10 等分的刻线,0.3~1.0mL 之间设有七等分的刻线;1.0~10mL 之间每分度为 0.2mL (4)当接受器中的溶剂呈现浑浊,而且管底收集的水不超过 0.3mL 时,或出现有油包水现象时,将接受器放入热水中浸 20~30min,使溶剂澄清,再将接受器冷却至室温后,读出水的体积数 (5)试样水分超过 10% 时,应酌情减少试样,使蒸出的水分不超过 10mL

（二）数据记录方法

润滑油水分测定数据记录单如表 2-59。

表 2-59 润滑油水分测定记录单

样品名称		分析时间	
检测依据	GB/T 260—77(88)		
试验次数	1		2
取样量/g			
溶剂用量/mL			
蒸馏开始时间			
蒸馏终了时间			
水蒸出量/mL			
水分/%(质量分数)			
分析人			

（三）经验分享

（1）在测量试样水分时,发现同一试样测得的水分值不同,不在允许的体积差范围内,有的是水分值偏小,有的是水分值偏大。

分析水分值偏小的原因:①取试样时,没有将试样摇匀,所取试样没有代表性;②加热过程中,电压调得过低,汽化量少,回流速度过慢,使冷凝管斜口每秒滴下液体不足 2~4 滴;③蒸馏时间过短,少于 30min;④冷凝管中残留液体没有处理;⑤冷凝管上端没有塞棉花,蒸出的水蒸气有损失。

分析水分值偏高的原因:①实验用玻璃仪器（圆底烧瓶、水分接受器、直形冷凝管）没有烘干,内壁有水;②实验所使用溶剂没有脱水处理,或处理不当;③实验过程中,冷凝管上端没有用棉花塞住,空气冷凝后流入接受器中。

（2）在准备水分测定实验时,发现石油产品水分测定器电压表不归零,打开电源开关,电源指示灯不亮,加热套不加热。

分析原因:①电压表不归零,因长期使用,电压表损坏;②电源指示灯不亮,加热套不加热,应考虑电源是否插好,保险丝是否烧爆,电压表是否损坏,加热套下面链接是否损坏。

解决办法:①更换电压表;②旋转电压表上的手动调节螺钉,使其指针归零;③更换同等型号的保险丝;④更换加热套。

（3）在水分测定实验过程中,打开电源开关,开始加热时,发现石棉加热套冒烟,但是仍能正常加热,继续实验。

分析原因:①如果是新安装的加热套,那么这是正常现象,每个新的加热套都会有这种情况，而且会变微黄。新的石棉加热套一般都泡过矿物油，处理后容易存放，开一会挥发掉就好了；②检查加热套上是否有残留的油样，可能在实验过程中，不小心将油漏入或洒入加热套中。

（4）在水分测定实验过程中，给试样加热蒸馏，忽然试样剧烈沸腾，冲入冷凝管，冲向棚顶，发生冲油现象。

分析原因：该同学在实验过程中，电压调得过大，没能控制冷凝管斜口每秒滴下 2～4 滴液体，造成突沸冲油现象。

处理办法：在实验过程中，应认真观察，不断调节电压，控制回流速度，使冷凝管斜口每秒滴下 2～4 滴液体。如果发生冲油现象，应立刻断电，避免火灾发生。

（5）做水分测定实验，当读数时，发现接受器中有油包水现象，便将装有水的大烧杯放到电炉上加热，待水热后，直接将装有溶剂油的水分接受器放入热水中，片刻后水分接受器外侧忽然着火，情急之下，该同学将接受器扔到地上，着起一团火，并用脚将其踩灭。

分析着火原因：该同学没有将装有热水的烧杯从电炉子上取下，直接将装有溶剂油的水分接受器放入热水中，溶剂油沸点较低，加热后汽化，遇到冷空气又冷凝成小液滴，落到电炉上，电炉属于明火设备，因此，忽然着火。

分析处理办法：该同学情急之下，将已着火的接受器扔到地上，用脚将其踩灭，没有引起二次着火。但是一旦扔到其他易燃物品（废油瓶、储油桶等）上，那么后果不堪设想。另外，用脚将其踩灭，由于是玻璃仪器，有玻璃碎片，应注意避免扎伤，可用灭火毯或者灭火器将其扑灭。

【任务评价】<<←

一、计算

GB/T 260—1977（1988）要求，由式(2-11)计算出试样的含水质量分数。

$$w = \frac{V\rho}{m} \times 100\% \qquad (2\text{-}11)$$

式中　　w——试样含水质量分数，%；

　　　　V——接受器收集水的体积，mL；

　　　　ρ——水的密度，g/mL；

　　　　m——试样的质量，g。

二、精密度

两次测定中收集水的体积差数，不应超过接受器的一个刻度，见表 2-60。

表 2-60　两次测定允许的体积差数

水分/mL	体积差数/mL	水分/mL	体积差数/mL
0.3 以下	≤0.3	1.0～10	≤0.1
0.3～1.0	≤0.1		

三、报告

取两次测定结果的算术平均值，作为试样的水分含量。试样的水分小于 0.03%，认为是痕迹。在接受器中没有水存在，认为试样无水。

四、考核评价

考核时限为 100min，其中准备时间 5min，操作时间 95min。从正式操作开始计时。提前完成操作不扣分，超过规定操作时间按规定标准评分。违章操作或出现事故停止操作。润滑油汽油机油水分测定操作考核内容、考核要点、评分标准见表 2-61。

表 2-61　润滑油水分测定评分记录表

序号	考核内容	考核要点	配分	评分标准	扣分	得分
1	准备工作	检查仪器	6	少选一件,扣2分		
		称量前摇动	2	未按规定,扣2分		
		准确称取100g油样	2	称量不准扣2分		
		溶剂的选择和预处理	3	选择不准确扣3分		
		量取100mL溶剂	3	不准确扣2分		
		擦净冷凝管:内壁要用棉花擦干;冷凝管的上端用棉花塞住	2	未按规定,扣2分		
		冷凝管与接受器垂直	2	不垂直扣2分		
		冷凝管下端的斜面切口要与接受器支管相对	4	未按规定,扣4分		
		接受器支管斜口进入圆底烧瓶10~20mm	2	未按规定,扣2分		
		接好进出水管	2	未按规定,扣2分		
2	测定	开冷却水后,加热油样	2	操作次序不对,扣2分		
		控制回流速度(每秒滴下2~4滴液体)	6	不符要求,扣6分		
		正确判定蒸馏结束:接受器中水量不增加;接受器上部稀释剂透明;回流时间不超过1h	4	判定错误每项,扣2分		
		冷凝管内壁水滴处理:利用烧瓶液体剧烈沸腾冲下;冷却后,从冷凝管上口倒入稀释剂冲下;用带有胶头的一玻璃棒刮净冷凝管壁上水珠	5	处理不当,扣5分		
		读取接受器中收集水体积	15	读数方法有误或不准扣8分		
3	记录	记录正确,不得涂改,填写正确		错误每处扣2分		
4	分析结果	计算正确	30	计算错误扣8分		
		判断正确		判断错误扣8分		
5	安全操作	遵守安全操作规程;摆放有序;规定时间完成	10	不符合规定,一处扣5分,严重违规停止操作		
		合计	100			

【拓展训练】 <<<←—

一、选择题

(1) 蒸馏法测定油品水分时,应控制回流速度使冷凝管斜口每秒滴下液体为(　　)。

A. 1~2滴　　　B. 2~4滴　　　C. 1~3滴　　　D. 3~5滴

(2) 试样水分小于(　　)时,认为是痕迹。

A. 0.03%　　　B. 0.01%　　　C. 0.05%　　　D. 0.1%

(3) 蒸馏法测定油品水分时,两次测定,收集水的体积之差,不应超过接受器的(　　)。

A. 3个刻度　　　B. 2个刻度　　　C. 1个刻度　　　D. 0.5个刻度

(4) 蒸馏法测定油品水分时,称取油样准确至(　　)g。

A. 0.1　　　B. 0.01　　　C. 0.001　　　D. 0.0001

二、简答题

(1) 石油产品水分测定法中加入溶剂的作用是什么?

(2) 石油产品水分测定法中,试样量取多少?溶剂量取多少?

(3) 蒸馏法测定油品水分时,停止加热后,如果冷凝管内壁仍沾有水滴,如何处理?

(4) 测定石油产品水分应注意哪些事项?

参考答案

一、选择题

（1）B；（2）A；（3）C；（4）A

二、简答题

（1）降低试样黏度，以避免含水试样沸腾时发生冲击和起泡现象，便于水分蒸出；蒸出的溶剂被不断冷凝回流到烧瓶内，便于将水全部携带出来，同时可防止过热现象；若测定润滑脂，溶剂还起溶解润滑脂的作用。

（2）石油产品水分测定法中，试样量取 100g，溶剂量取 100mL。

（3）蒸馏法测定油品水分时，停止加热后，如果冷凝管内壁仍沾有水滴，可用无水溶剂油冲洗，或用金属丝带有橡胶或塑料头的一端小心地将水滴推刮进接受器中。

（4）测定油品水分时，应注意试样必须在测定前要混合均匀；溶剂必须脱水；仪器必须干燥；严格控制加热速度，对于含水多的油品，蒸馏时不能加热太快；测定时，蒸馏瓶中应加入沸石或碎瓷片；试验仪器必须完好无损，装置连接处严密，防止水蒸气漏出，影响结果。

项目十三　润滑油开口杯闪点和燃点的测定

M13-1

【任务介绍】 <<<——

某起重机用户，在使用一段时间后，发现机油压力锐减，压力灯报警，需检测油样开口杯闪点，判断是否有燃油泄漏。

【任务分析】 <<<——

开口闪点是评价润滑油和油品添加剂的一项重要指标。机油具有很高的闪点，使用时不易着火燃烧，如其闪点显著降低，说明有燃油泄漏稀释，导致油品黏度降低，从而引起机油压力的异常和仪表报警，应对发动机进行检修和换油。按照 GB/T 3536—2008《石油产品闪点和燃点的测定法（克利夫兰开口杯法）》检测油样开口杯闪点。

教学任务：在规定时间内测定润滑油开口杯闪点和燃点。

教学重点：掌握开口闪点和燃点的测定方法（GB/T 3536—2008）。

教学难点：控制油品的升温速度。

【任务实施】 <<<——

一、知识准备

（一）基本概念

1. 开口闪点

开口闪点（open flash point）是指石油产品用开口杯在规定的实验条件下，实验火焰引起试样蒸气着火，并使火焰蔓延至液体表面的最低温度，修正到 101.3kPa 大气压下，以℃表示。

简言之，测定闪点时，盛装试样的油杯有敞口和加盖两种。敞口油杯测得的闪点叫开口杯闪点。常用于测定重质油品和润滑油。

2. 燃点

燃点（fire point）是在规定试验条件下，油品蒸汽和空气混合物在接近火焰时着火并持续燃烧至少 5s 所需的最低温度，修正到 101.3kPa 大气压下，以℃表示。同一油品的燃点高于闪点，用开口杯法测定。

3. 自燃点

将油品加热到很高温度后，使之与空气接触，无需引燃，油品因剧烈氧化而产生火焰自行燃烧的最低温度，称为自燃点（spontaneous ignition temperature）。

（二）测定方法

GB/T 3536—2008 石油产品闪点和燃点的测定法（克利夫兰开口杯法）的测定方法概要：把试样装入实验杯中至规定的刻线。先迅速升高试样温度，然后缓缓升温，当接近闪点时恒速升温。在规定的温度间隔，用一个小的点火器火焰按规定通过试样表面，使试样表面上蒸气发生闪火的最低温度，即作为开口杯法闪点。如果继续进行实验，直到用点火器火焰使试样发生点燃并至少燃烧 5s 时的最低温度，视为开口杯法燃点。

（三）测定意义

（1）评定内燃机油质量。内燃机油具有很高的闪点，使用时不易着火燃烧，如其闪点显著降低时，说明机油已受到燃料稀释，应对发动机进行检修和换油。

对于某些润滑油来说，规定同时测定开口杯和闭口杯闪点，以判断润滑油馏分的宽窄程度和是否掺入轻质组分。由于测定开口闪点时，油蒸气有损失，因而闪点比较高，通常，开口闪点要比闭口闪点高 10～30℃。如果两者相差悬殊，则说明该油品蒸馏时有裂解现象或已混入轻质馏分或溶剂脱蜡与溶剂精制时，溶剂分离不完全等。

（2）开口闪点是润滑油储存、运输和使用的一个安全指标。在使用中如发现开口闪点下降，表明油品易变质，需进行处理。

二、仪器准备

润滑油开口杯闪点和燃点测定实验所需主要仪器设备见图 2-77。

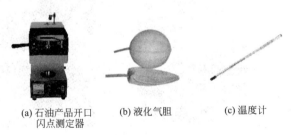

(a) 石油产品开口　　(b) 液化气胆　　(c) 温度计
闪点测定器

图 2-77　汽油机油开口闪点、燃点测定仪器

三、试剂准备

润滑油开口杯闪点测定实验所需试剂如表 2-62。

表 2-62　开口杯闪点测定试剂

试剂	用量	使用说明
润滑油	100mL	(1)除非另有规定,取样应按照 GB/T 4756、SY/T 5317 进行 (2)将所取样品装入合适的密封容器中。为了安全,样品只能充满容器容积的 85%～95% (3)将样品贮存于合适的条件下,以最大限度地减少样品蒸发损失和压力升高 (4)在低于预期闪点至少 56℃下进行分样。如果在试验前要将一部分原样品分装贮存,应确保每份样品充满其容器容积的 50% 以上 (5)如果样品含有未溶解的水,在样品混匀前应将水分离出来
车用汽油	30mL	作清洗溶剂,清洗油杯

四、实验步骤

M13-2

（一）操作技术要点

润滑油开口杯闪点、燃点测定的步骤为：检查设备→连接液化气胆→安装温度计→装入试样→清洗油杯→装入试样→点燃试验火焰→开启加热→点火实验→测定闪点→测定燃点→停止实验等十一步。操作技术要点如表 2-63。

表 2-63　润滑油开口闪点测定的操作步骤和技术要点

操作步骤	技 术 要 点
检查设备	(1)将闪点测定器摆放在避光、平整、无气流处，也可用防护屏 (2)检查油杯把手是否松动 (3)检查加热套中是否有杂物，如果有，取出杂物 (4)检查点火器是否能够顺利扫划 (5)检查液化气乳胶管线是否老化开裂，接头是否完好，确保管路的畅通 (6)检查液化气胆是否漏气
连接液化气胆	将液化气胆充满液化气，将其出口端连接到仪器管线三通接头上，用卡扣固定接头处，防止液化气泄漏
安装温度计	(1)将温度计垂直放置，使其感温泡底部距试验杯底部 6mm，并位于试验杯中心与试验杯边之间的中点和测试火焰扫过的弧(或线)相垂直的直径上，且在点火器臂的对边，如图 2-78 (2)安装好后，移开待用 (a)　　　　　　　　　　　(b) 图 2-78　安装温度计
清洗油杯	(1)用清洗溶剂冲洗油杯，以除去上次试验留下的所有胶质或残渣痕迹，再用清洁空气吹干油杯，以确保除去所用溶剂 (2)如果试验杯上留有碳的沉积物，可用钢丝绒擦掉 (3)使用前将试验杯冷却到至少低于预期闪点 56℃
装入试样	(1)取样前应先轻轻地摇动混匀样品，再小心地取样，应尽可能避免挥发性组分损失 (2)小心地将试样倒入油杯，使试样的弯月面顶部恰好位于实验杯的装样刻线。如果注入实验杯的试样过多，可用移液管或其他适当的工具取出 (3)如果试样沾到仪器的外边，则倒出试样，洗净后再重装 (4)用滤纸除去试样表面的气泡或样品泡沫

操作步骤	技 术 要 点
点燃试验火焰	(1)缓慢开启液化气胆的出口阀,轻轻按压球胆,让液化气充满管路,排出管内空气 (2)进行试火,按下点火按钮,电子脉冲点火,并将火焰调整到接近球形,其直径为 3.2~4.8mm
开始加热	(1)打开电源开关,调节电压旋钮,控制升温速度,试样的升温速度为 14~17℃/min (2)当试样温度达到预期闪点前约 56℃时减慢加热速度,使试样在达到闪点前的最后 23℃±5℃时升温速度为 5~6℃/min (3)实验过程中,应避免在设备杯附近随意走动以防扰动油杯试样表面蒸发的油气
点火实验	(1)在预期闪点前至少 23℃±5℃时,按下扫划按钮,开始用实验火焰扫划 (2)温度每升高 2℃扫划一次。用平滑、连续的动作扫划,实验火焰每次通过实验杯所需时间约为 1s,先向一个方向扫划,下次再向反方向扫划 (3)如果试样表面形成一层膜,应把油膜拨到一边再继续进行实验
测定闪点	(1)当在试样液面上的任何一点出现闪火时,立即记录温度计的温度读数,作为观察闪点 (2)试样蒸气发生的闪火与点火器火焰(淡蓝色光环)的闪光不应混淆,如果闪火现象不明显,必须在试样升高 2℃时继续点火证实 (3)如果观察闪点与最初点火温度相差少于 18℃,则此结果无效。应更换新试样重新进行测定,调整最初点火温度,直至得到有效结果,即此结果应比最初点火温度高 18℃以上
测定燃点	(1)闪点测定后,继续以 5~6℃/min 的速度继续升温 (2)试样每升高 2℃就扫划一次,直到试样着火,并能连续燃烧不少于 5s,记录此温度作为试样的观察燃点 (3)如果燃烧超过 5s,用带手柄的金属盖或其他阻燃材料做的盖子熄灭火焰,实验室通常用石棉垫
停止实验	(1)实验结束后,电压表调零,关闭电源开关,关紧液化气胆开关 (2)待试样冷却后,取出油杯,将废油倒入废油桶里。油杯把柄金属部位温度较高,以防烫伤

（二）数据记录方法

润滑油开口杯闪点测定数据记录如表 2-64。

表 2-64 开口杯闪点测定记录单

样品名称		分析时间	
检测依据	GB/T 3536—2008		
试验次数	1		2
温度计号			
大气压/kPa			
闪点/℃			
燃点/℃			
分析人			

（三）经验分享

（1）开口闪点测得的结果比闭口闪点测得的结果高。

分析原因：开口闪点测定器所形成的蒸气能自由地扩散到空气中，使一部分蒸气损失。

（2）某石化公司分析室闪点岗位发生火灾，初级火灾未能及时扑灭，又引燃了室内存放的 50L 存油，造成整个闪点分析岗仪器、设备全部烧毁。

分析原因：①闪点岗需要用明火进行点火试验，试验前应做好防火的准备工作；②分析岗位不能大量存油，本次就是因为有人违规存放了油品，才引发大火。

（3）实验测得的结果偏高。

分析原因：①石油产品为混合物，可能是由于其组分的差异，导致检测的试样的闪点温度与相同油品试样的闪点高低不同；②在试验过程中，眼睛没有平视温度计，使得读数偏大；③加热速度过慢，测定时间长，点火次数多，损耗了大部分油蒸气，推迟了使油蒸气和空气混合物达到闪火浓度的时间，使结果偏高；④在试验前，过早倒出油样，使其易挥发的轻组分散失在空气中；⑤油杯里取样量少，未达到油杯内环形刻线；⑥油品闪点与外界压力有关，气压高，油品不易挥发，故测得的闪点较高；⑦油样中含水，在给油样加热时，分散在油中的水会汽化形成水蒸气，有时形成气泡覆盖于油面上，影响油的正常汽化，推迟闪火时间，使测得的结果偏高。

解决办法：①读数时，眼镜要平视温度计；②按照标准要求控制升温速度、点火速度；③取油样量至油杯内环形刻线处；④取样后立刻开始试验；⑤如油样含水，实验前进行脱水处理；⑥标准中规定以101.3kPa大气压下测得的闪点为标准压力下的闪点。大气压力若有偏离，测得的闪点需做大气压力修正。大气压力变化0.133kPa，闪点平均变化0.033～0.036℃。

（4）实验测得的结果偏小

分析原因：①油杯里取样量多，超过油杯内环形刻线；②点火用的球形火焰直径较规定的大；③点火时，火焰在液面移动的时间越长，则测得的结果偏低；④加热速度快，单位时间给予油品的热量多，蒸发也快，使空气中油蒸气浓度提前达到爆炸极限，测得结果偏低；⑤大气压力低，油品易挥发，故所测闪点较低。

解决办法：①取油样量至油杯内环形刻线处；②火焰调整到接近球形，其直径为3～4mm；③温度每升高2℃扫划一次，用平滑、连续的动作扫划，实验火焰每次通过实验杯所需时间约为1s，先向一个方向扫划，下次再向反方向扫划；④按照标准要求控制升温速度、点火速度；⑤大气压力若有偏离，测得的闪点需做大气压力修正。

【任务评价】 ‹‹←——

一、计算

GB/T 3536—2008 规定，按式(2-12)将观察闪点 t 修正为标准大气压下的闪点 t_0。

大气压修正公式为

$$t_0 = t + 0.25(101.3 - p) \tag{2-12}$$

式中　t_0——标准大气压（101.3kPa）下的闪点，℃；

　　　t——观察的闪点，℃；

　　　p——环境大气压，kPa；

　　0.25——换算系数，℃/kPa。

二、精密度

1. 重复性

同一操作者，用同一台仪器对同一个试样测定的两个结果之差不应超过8℃。

2. 再现性

由两个实验室，对同一试样测定的两个结果，不应超过17℃。

三、报告

取重复测定两个结果的闪点，经大气压力修正后的平均值，作为克利夫兰开口杯闪点。

四、考核评价

考核时间为95min，其中准备时间5min，操作时间90min。从正式操作开始计时。提前完成操作不扣分，超过规定操作时间按规定标准评分。违章操作或出现事故停止操作。润滑油开口杯闪点测定操作考核内容、考核要点、评分标准见表2-65。

表 2-65　开口杯闪点测定评分记录

班级		学号		姓名		测定时间	
序号	考核内容	考核要点	配分	评分标准	扣分	得分
1	准备工作	检查仪器	6	少选一件,扣2分		
		称量前摇动	2	未按规定,扣2分		
		准确称取100g油样	2	称量不准扣2分		
		溶剂的选择和预处理	3	选择不准确扣3分		
		量取100mL溶剂	3	不准确扣2分		
		擦净冷凝管:内壁要用棉花擦干;冷凝管的上端用棉花塞住	2	未按规定,扣2分		
		冷凝管与接受器垂直	2	不垂直扣2分		
		冷凝管下端的斜面切口要与接受器支管相对	4	未按规定,扣4分		
		接受器支管斜口进入圆底烧瓶10~20mm	2	未按规定,扣2分		
		接好进出水管	2	未按规定,扣2分		
2	测定	开冷却水后,加热油样	2	操作次序不对,扣2分		
		控制回流速度(每秒滴下2~4滴液体)	6	不符合要求,扣6分		
		正确判定蒸馏结束:接受器中水量不增加;接受器上部稀释剂透明;回流时间不超过1h	4	判定错误,每项扣2分		
		冷凝管内壁水滴处理:利用烧瓶液体剧烈沸腾冲下;冷却后,从冷凝管上口倒入稀释剂冲下;用带有胶头的一玻璃棒刮净冷凝管壁上水珠	5	处理不当,扣5分		
		读取接受器中收集水体积	15	读数方法有误或不准扣8分		
3	记录	记录正确,不得涂改,填写正确		错误每处扣2分		
4	分析结果	计算正确	30	计算错误扣8分		
		判断正确		判断错误扣8分		
5	安全操作	遵守安全操作规程,摆放有序,规定时间完成	10	不符合规定,一处扣5分,严重违规停止操作		
	合计		100			

【拓展训练】 <<<←

一、选择题

(1) 开口杯法测定石油产品闪点时,规定水分大于(　　)时,必须脱水。

A. 0.1%　　　　　B. 0.05%　　　　　C. 0.2%　　　　　D. 0.3%

(2) 克利夫兰开口杯法测定石油产品闪点时,试验前应将试验杯冷却到预期闪点前(　　)℃。

A. 50　　　　　B. 60　　　　　C. 56　　　　　D. 65

(3) 评定液体火灾危险性的主要根据是(　　)。

A. 燃点　　　　　B. 闪点　　　　　C. 沸点　　　　　D. 自燃点

(4) (　　)是体现渣油燃烧性能的主要指标。

A. 闪点　　　　　B. 密度　　　　　C. 含水量　　　　　D. 雾度

(5) 开口闪点一般用来测定(　　)。

A. 轻质油料　　　　　B. 重质油料　　　　　C. 轻重两种油料　　　　　D. 要求测定的油料

（6）克利夫兰开口杯法测定闪点时，点火器火焰从坩埚一边移至另一边需要时间为（　　）s。

A. 1　　　　　　B. 2～3　　　　　　C. 2～4　　　　　　D. 3～4

（7）油品闪点和化学组成的关系是（双选）（　　）。

A. 含胶质较多的芳香基石油闪点较低　　　B. 含胶质较多的芳香基石油闪点较高

C. 含石蜡烃较多的油品闪点较低　　　　　D. 含石蜡烃较多的油品闪点较高

（8）油品闪点和沸点的关系是（　　）。

A. 沸点越低，闪点越低　　　　　　B. 沸点越低，闪点越高

C. 沸点与闪点无关　　　　　　　　D. 不能确定

（9）同一油品用闭口闪点仪测得的闪点比用开口闪点仪测得的闪点（　　）。

A. 高，但相差不大　　　　　　　　B. 低，但相差不大

C. 高很多　　　　　　　　　　　　D. 低很多

（10）闪点在（　　）℃以下的液体叫做易燃品。

A. 25　　　　　　B. 35　　　　　　C. 35　　　　　　D. 45

（11）润滑油闪点测定方法为（　　）。

A. 只能是开口杯法　　　　　　　　B. 只能是闭口杯法

C. 开口杯法和闭口杯法　　　　　　D. 开口杯法和闭口杯法均不可

（12）克利夫兰开口杯法测定闪点时，温度计上的浸入刻线位于试验杯边缘以下（　　）mm 处。

A. 1　　　　　　B. 2　　　　　　C. 3　　　　　　D. 4

（13）石油产品达到燃点时，燃烧时间不能少于（　　）s。

A. 4　　　　　　B. 5　　　　　　C. 6　　　　　　D. 8

（14）测定石油产品的燃点，实际上是（　　）。

A. 开口杯法燃点　　B. 闭口杯法燃点　　C. 不分方法　　D. 随使用方法改变名称

（15）闪点测定中，电加热装置不加热的原因不可能是（　　）。

A. 电源未接通　　B. 炉丝断裂　　C. 控制电路故障　　D. 电压波动

（16）闪点越低，火灾的危险性（　　）。

A. 越大　　　　　　B. 越小　　　　　　C. 越难确定　　　　　　D. 越容易预防

二、简答题

（1）闪点测定器用防护屏围着的作用是什么？

（2）进行闪点试验过程中安全上应注意什么？

（3）为什么要严格控制试样装入量？

（4）石油产品闪点测定法为什么要分为闭口杯法和开口杯法？

（5）测定开口闪点时如何控制加热速度？

（6）简述 GB/T 3536—2008 测定石油产品闭口闪点的方法概要。

（7）为什么同一个油样的开口杯闪点比闭口杯闪点高 10～30℃？

参考答案

一、选择题

（1）A；（2）C；（3）B；（4）A；（5）B；（6）A；（7）AD；（8）A；（9）D；（10）D；（11）C；（12）C；（13）B；（14）A；（15）D；（16）B

二、简答题

（1）避免由于试验操作或凑近试验杯呼吸引起油蒸气游动而影响试验结果。

（2）在进行试验时，一定不要离人，仪器旁边不能放任何易燃易爆液体或固体，试验完毕后，应将仪器电源关掉，球胆阀关闭，切不可将可燃气体泄漏室内。点火用的气源尽量不要用液化气钢瓶，一般采用炼厂气试验用后的废气就可以了。闪点测定仪上点火气路有两路，一路是直接用的点火源，另一路是长明灯，用来点火源的，有时被忽略，造成气体向室内泄漏。

（3）按要求杯中试样要装至环形刻线处，试样过多测定结果偏低，反之偏高。

（4）石油产品测定法之所以分为开口杯法和闭口杯法，主要决定于石油产品的性质和使用条件。通常闭口杯法多用于蒸发性较大的轻质石油产品，如溶剂油、煤油等，由于测定条件与轻质油品的实际储存和使用相似，可以作为防火安全指标的依据。开口杯法多用于润滑油及重质石油产品。因为开口杯法测定时，石油产品受热后所形成的蒸汽不断向周围空气扩散，使测得闪点偏高。对于多数润滑油及重质油，尤其在非密闭的机件或温度不高的条件下使用，就算有少量的轻质掺合物，也将在使用过程中蒸发掉，不至于构成着火或爆炸的危险，所以这类产品都采用开口杯法测定。在某些润滑油的规定中，有开口闪点和闭口闪点两种质量指标，其目的是以开、闭口闪点之差，去检查润滑油馏分的宽窄程度和有无掺进轻质成分。有些润滑油在密闭容器内使用，在使用过程中常由于种种原因而产生高温，使润滑油可能形成分解产物，或从其他部件掺进轻质成分。这些轻质成分在密闭容器内蒸发并与空气混合后，有着火或爆炸的危险。但当用开口杯法测定时，可能发现不了这种易于蒸发的轻质成分的存在，所以规定要用闭口杯法进行测定。

（5）预期闪点前 60℃开始调整加热速度，使其在预期闪点前 40℃时的升温速达到（4±1）℃。克利夫兰开口杯法测定时，开始升温速度为 14～17℃，预期闪点为 56℃时，调整升温速度使之在预期闪点前 28℃时达到 5～6℃。

（6）将试样装入试验杯到规定的刻线。先迅速升高试样温度，然后缓慢升温，当接近闪点时，恒速升温。在规定的温度间隔，用点火器的小火焰按规定通过试样表面，使试样表面上的蒸气发生闪火的最低温度，作为开口杯法闪点。

（7）油品的闪点与加热时油蒸气扩散密切相关。闭口杯测定时，油蒸气扩散小，容易达到爆炸极限，闪点低；开口杯法测定时，油蒸气扩散快，达到爆炸极限时需要的温度要高。

项目十四　润滑油酸值的测定

M14-1

【任务介绍】<<<——

泵房工人发现泵腐蚀，需检测润滑油的酸值指标。

【任务分析】<<<——

酸值是评价润滑油及重油对设备腐蚀性倾向的指标。当设备有腐蚀时检测所使用的油品是否酸值超标。如果超标表明油品中含有无机酸和有机酸，对设备有腐蚀现象。按照 GB/T 264—83（91）《石油产品酸值测定法》检测油样酸值。

教学任务：在规定时间内测定润滑油酸值。

教学重点：掌握石油产品酸值测定法 [GB/T 264—83 (91)]。

教学难点：准确称量试样、安装设备、观察滴定终点。

【任务实施】 <<<——

一、知识准备

（一）基本概念

酸值（acidity）是中和 1g 石油产品中的酸性物质，所需要氢氧化钾的质量，单位 mgKOH/g。用来表示润滑油、重柴油、原油等重质油品中的酸性化合物的含量。

酸值检测的是有机酸和无机酸的总含量。但大多数情况下，若酸洗精制工艺条件控制得当，油品中几乎不含有无机酸，且油品要求水溶性酸碱合格，也即没有无机酸，因此所测定的酸度几乎都代表有机酸（凡含—COOH 基团的化合物统称有机酸），主要有环烷酸、脂肪酸、酚类和酸性硫化物等。

（二）测定方法

测定酸值的方法有两类。一类是颜色指示剂法，根据指示剂颜色来确定滴定的终点。有 GB/T 264—83 (91)《石油产品酸值测定法》、SH/T 0163—92 和 ASTM D974 等；另一类为电位滴定法，根据电位变化来确定滴定终点，有 GB/T 7604—2000 和 ASTM D664 等。

本实验任务要求采用 GB/T 264—83 (91)《石油产品酸值测定法》测定。其测定方法概要为用沸腾的乙醇抽提出试样中的有机酸，然后用碱性蓝 6B 做指示剂，用氢氧化钾-乙醇溶液进行滴定，通过指示剂颜色的改变来确定终点，记录滴定所消耗的氢氧化钾-乙醇溶液的体积。通过计算得出酸值结果。

（三）测定意义

1. 判断油品中所含酸性物质的含量

酸值越高，说明油品中所含的酸性物质就越多。

2. 判断油品对金属材料的腐蚀性

油品中有机酸含量少，在无水分和温度低时，对金属基本不会有腐蚀作用。但当有机酸含量增多及有水分存在时，就能严重腐蚀金属。当有水存在时，即使是微量的低分子有机酸，也能与金属设备反应，生成溶于油类的环烷酸亚铁和羧酸亚铁等。

3. 判断使用中润滑油变质程度

润滑油在使用一段时间后，由于受热和氧的作用而氧化变质，使酸性物质增加，腐蚀设备，影响使用性能，当酸值增大到一定数值时，应更换新油。常用酸值变化的大小来衡量润滑油的氧化安定性。

二、仪器准备

润滑油酸值测定实验所需主要仪器设备见图 2-79。

(a) 石油产品酸度测定仪器　(b) 磨口锥形烧瓶(250mL)　(c) 球形冷凝管(长约300mm)　(d)微量滴定管(2mL,分度为0.02mL)　(e)量筒(容量为25mL、50mL、100mL)　(f) 托盘天平(1000g)

图 2-79　润滑油酸值测定主要仪器设备

三、试剂准备

润滑油酸值测定实验所需试剂有润滑油、氢氧化钾、碱性蓝6B，如表2-66所示。

表 2-66　润滑油酸值测定试剂

试剂	用量	使用说明
润滑油	20g	—
氢氧化钾	分析纯	配成0.05mol/L氢氧化钾乙醇溶液
乙醇95%	100mL	—
碱性蓝6B	1g	配制溶液时，称取碱性蓝1g，称准至0.01g。将它加在50mL的煮沸的95%乙醇中，并在水浴中回流1h，冷却后过滤。必要时，煮热的澄清滤液要用0.05mol/L氢氧化钾-乙醇溶液或0.05mol/L盐酸溶液中和，直至加入1~2滴碱溶液能使指示剂溶液从蓝色变成浅红色而在冷却后又能恢复成为蓝色为止，有些指示剂制品经过这样处理变色才灵敏 碱性蓝6B指示剂适用于测定深色的石油产品

四、操作步骤

M14-2

（一）操作技术要点

润滑油酸值测定的操作步骤为：清洗微量滴定管→称取试样→煮沸95%乙醇溶液→中和95%乙醇溶液→取样→再次煮沸混合物→滴定操作等七步。操作技术要点如表2-67。

表 2-67　润滑油酸值测定的操作步骤和技术要点

操作步骤	技术要点
清洗微量滴定管	(1)清洗微量滴定管。用自来水清洗三次，蒸馏水清洗三次，用0.05mol/L氢氧化钾乙醇溶液润洗三次 (2)取2mL 0.05mol/L氢氧化钾乙醇溶液，调零，备用
称取试样	(1)用托盘天平称量清洁干燥的锥形瓶，称准至0.2g，如图2-80 (2)将汽油机油试样摇匀，缓慢倒入已称量好的清洁干燥的锥形瓶，称取试样10g，称准至0.2g，如图2-81 (3)用滤纸盖好锥形瓶口，备用，如图2-82 图2-80　称量锥形瓶　　图2-81　称量试样　　图2-82　用滤纸盖好

操作步骤	技 术 要 点
煮沸95％乙醇溶液	(1)将球形冷凝管安装到石油产品酸度测定仪器(水浴锅)的铁杆上,用夹子夹住,不易过紧 (2)连接冷凝管,使冷凝水上进下出,打开冷凝水 (3)用50mL量筒量取95％乙醇溶液50mL注入清洁无水的锥形烧瓶内 (4)将装有乙醇溶液的锥形烧瓶与球形回流冷凝管连接,如图2-83 (5)打开石油产品酸度测定仪器加热开关,设置水浴温度100℃,将95％乙醇煮沸5min,如图2-84 图2-83　连接锥形烧瓶与冷凝管　　　图2-84　煮沸95％乙醇
中和95％乙醇溶液	(1)戴好防护手套将水浴中的锥形瓶拿出,以免烫伤 (2)在煮沸过的95％乙醇中加入0.5mL碱性蓝溶液,如图2-85 (3)在不断摇荡下趁热用0.05mol/L氢氧化钾-乙醇溶液中和95％乙醇,直至锥形烧瓶中的混合物从蓝色变为浅红色为止,如图2-86 (4)滴定至终点附近时,应逐滴加入碱液,快到终点时,要采取半滴操作,以减少滴定误差 (5)自锥形烧瓶停止加热到滴定达到终点,所经过的时间不应超过3min,以减少二氧化碳对测定结果的影响 图2-85　加入碱性蓝溶液　　　　图2-86　滴定试验
取样	将中和过的95％乙醇溶液注入已称好试样的锥形瓶中,迅速摇动均匀
再次煮沸混合物	(1)迅速将取样后的锥形瓶放回水浴中,连接球形冷凝管,打开冷凝水 (2)将锥形烧瓶中的混合物煮沸5min
滴定操作	(1)戴好防护手套将水浴中的锥形瓶拿出,以免烫伤 (2)向煮沸过的混合液中加入0.5mL的碱性蓝溶液 (3)在不断摇荡下趁热用0.05mol/L氢氧化钾-乙醇溶液滴定,直至95％乙醇层的碱性蓝溶液从蓝色变为浅红色为止 (4)自锥形烧瓶停止加热到滴定达到终点,所经过的时间不应超过3min (5)记录消耗氢氧化钾-乙醇溶液的体积,调整滴定管零点

(二) 数据记录方法

润滑油酸值测定数据记录单如表2-68。

表 2-68　润滑油酸值测定数据记录单

样品名称		分析时间	
检测依据	GB/T 258—77		
试验次数	1 次		2 次
标准液浓度/(mol/L)			
试样量/g			
溶剂量/mL			
终读数/mL			
始读数/mL			
消耗量/mL			
结果			
分析人			

（三）经验分享

（1）滴定时动作要迅速，计量缩短滴定时间（自锥形瓶停止加热到滴定到达终点所经历的时间不超过 3min），以减少二氧化碳对测定结果的影响。

（2）各次测定所加指示剂的量要相同，不能加太多，否则所用指示剂都是弱酸性有机化合物，本身会消耗碱，会引起滴定误差。

（3）滴定至终点附近时，应逐滴加入碱液，快到终点时，要采取半滴操作，以减少滴定误差。

（4）为了便于观察指示剂的颜色，可在锥形瓶下面衬以白纸，使滴定在白色背景下进行。

（5）再次煮沸混合物时要切记打开冷凝水，否则小分子酸类会挥发掉，造成结果偏低。

（6）油品颜色很深时，往往不用指示剂测定酸值，需改用电位滴定或其他方法滴定终点。

【任务评价】 <<<—

一、计算

GB/T 258—77 要求，由式(2-13) 计算出试样的酸度。

$$X = \frac{VT}{m} \tag{2-13}$$
$$T = 56.1c$$

式中　X——试样酸值，mgKOH/g；

　　　V——滴定时所消耗氢氧化钾乙醇溶液的体积，mL；

　　　m——试样的质量，g；

　　　T——氢氧化钾乙醇溶液的滴定度，mgKOH/mL；

　　56.1——氢氧化钾的摩尔质量，g/mol；

　　　c——氢氧化钾乙醇溶液的浓度，mol/L。

二、精密度

1. 重复性

同一操作者重复两次测定的两个结果之差不应超过表 2-69 所示数值。

表 2-69　试样酸值测定的重复性要求

范围/(mgKOH/g)	重复性/(mgKOH/g)
0.00～0.1	0.02
大于 0.1～0.5	0.05
大于 0.5～1.0	0.07
大于 1.0～2.0	0.10

2. 再现性

由两实验室提出的两个结果之差不应超过表 2-70 所示数值。

表 2-70 试样酸值测定的再现性要求

范围/(mgKOH/g)	再现性/(mgKOH/g)
0.00～0.1	0.04
大于 0.1～0.5	0.10
大于 0.5～1.0	平均值的 15%
大于 1.0～2.0	平均值的 15%

三、报告

取两次测定结果的算术平均值，作为试样的酸度结果。

四、考核评价

考核时限为 95min，其中准备时间 5min，操作时间 90min。从正式操作开始计时。提前完成操作不扣分，超过规定操作时间按规定标准评分。违章操作或出现事故停止操作。润滑油酸度测定操作考核内容、考核要点、评分标准见表 2-71。

表 2-71 润滑油酸值的测定评分记录表

序号	考核内容	评分要素	配分	评分标准	扣分	得分
1	95% 乙醇预处理	95% 乙醇于清洁干燥的锥形烧瓶中	18	量取乙醇不准扣 3 分;烧瓶不清洁干燥扣 2 分		
		选择溶剂		选错乙醇浓度扣 3 分		
		控制煮沸时间		时间不正确扣 5 分		
		加入合适的指示剂		指示选择不正确		
2	试样测定	取样前摇均匀	20	取样前未摇匀扣 2 分		
		按要求称量试样量		试样量取不正确扣 5 分		
		准确读取体积		体积不准确扣 3 分		
		将试样注入乙醇溶液中		试样注入不完全或有溅出扣 2 分		
		控制煮沸时间		时间不正确扣 5 分		
		回流煮沸后加入指示剂		指示剂加入量前后不一致扣 3 分		
3	滴定操作	标准溶液使用前应摇匀	25	未摇动，一次扣 1 分		
		指示剂及标准溶液不能有洒漏		有洒漏一次扣 0.5 分		
		手握试剂瓶标签位置		位置不正确，一次扣 0.5 分		
		滴定管调零		调零不规范，一次扣 1 分		
		滴定管使用(清洗、涂油、赶气泡握持、废液排放)要规范		滴定管使用不规范，一次扣 1 分		
		指示剂加入量正确		加入量不正确，一次扣 1 分		
		控制滴定管尖嘴部分插入锥形瓶深度		插入深度不正确，一次扣 1 分		
		滴定管调零及开始读数前静止 30s		未静止或静止时间不够，一次扣 1 分		
		控制摇动速度		摇动速度、滴定速度不正确，一次扣 1 分		
		处理滴定前后管尖悬液		处理不正确，一次扣 1 分		
		判断滴定终点		终点判断错误，一次扣 1 分		
		读数		读数错误，一次扣 1 分		
		滴定时间不超过 3min		未趁热滴定扣 3 分,滴定超时一处扣 1 分		
4	按操作规程顺序操作		2	未按操作规程顺序操作扣 2 分		
5	分析结果	精密度符合标准要求	10	不符合标准规定扣 10 分		
		准确度符合标准要求	10	不符合标准规定扣 10 分		

续表

序号	考核内容	评分要素	配分	评分标准	扣分	得分
6	记录和计算	记录填写正确及时、无杠改、无涂改	10	填写不正确,一处错误扣 0.5 分,全不正确不得分		
		公式使用正确		公式使用错误,扣 2 分		
		计算结果正确		结果计算错误,扣 2 分		
		有效数字修约正确		修约错误,一处扣 0.5 分		
		如实填写数据		有意凑改数据扣 5 分		
7	实验管理	着装符合化验员要求	5	未按要求着装,一处扣 1 分		
		台面整洁,仪器摆放整齐		台面不整洁,仪器摆放不齐,一处扣 1 分		
		废液处理正确		废液处理不当一次扣 1 分		
		器皿完好		操作中打碎器皿一件扣 1 分		
8	安全文明操作	按国家或企业颁布的有关规定执行		违规操作一次从总分中扣除 5 分,严重违规停止本项操作		
9	考核时限	在规定时间内完成		每超时 1min,从总分中扣 5 分,超时 3min 停止操作		
	合计		100			

【拓展训练】 <<<——

选择题

(1) 酸度是指溶液中（   ）的平衡浓度。

A. H^+ 　　　　　B. OH^- 　　　　　C. $H^+ + OH^-$ 　　　　　D. 所有型体

(2) 中和 1g 石油产品所需的（   ）质量（mg）称为酸值。

A. HCl 　　　　　　　　　　　　　B. H_2SO_4

C. NaOH 　　　　　　　　　　　　D. KOH

(3) 在测定石油产品酸值,用锥形瓶称取 8~10g 试样时,应准确至（   ）g。

A. 0.01 　　　B. 0.02 　　　C. 0.1 　　　　　　D. 0.2

(4) 在测定石油产品酸值时,每次测定过程中,自锥形瓶停止加热到滴定达到终点所经过的时间不应超过（   ）min。

A. 1 　　　　B. 2 　　　　C. 3 　　　　　　D. 4

(5) 测定石油产品酸值,所用的标准滴定溶液是（   ）。

A. 氢氧化钠水溶液 　　　　　　B. 氢氧化钠乙醇溶液

C. 氢氧化钾水溶液 　　　　　　D. 氢氧化钾乙醇溶液

(6) 测定石油产品酸值,所用的标准滴定溶液的浓度是（   ）mol/L。

A. 0.01 　　　B. 0.02 　　　C. 0.05 　　　　　D. 0.10

(7) 测定酸值的过程中,将乙醇煮沸 5min 的目的是（   ）。

A. 使乙醇溶液沸腾 　　　　　　B. 除去二氧化碳

C. 使乙醇在 100℃下恒温 　　　D. 满足方法规定的步骤

参考答案

选择题

(1) A;(2) D;(3) D;(4) C;(5) D;(6) C;(7) B

项目十五　润滑油恩氏黏度的测定

M15-1

【任务介绍】<<<——

根据 GB/T 266—88《石油产品恩氏黏度测定法》检测汽油机油的恩氏黏度值。

【任务分析】<<<——

恩氏黏度一般用来评价重油，但其误差较大不常用。在有特殊需要如工程计算或买卖双方有特定要求时，需要测定恩氏黏度值。在已知运动黏度的情况下也可以求得恩氏黏度，也可以通过查表来换算得到恩氏黏度。

教学任务：在规定时间内检测润滑油的恩氏黏度。

教学重点：掌握石油产品恩氏黏度测定法（GB/T 266—88）。

教学难点：安装设备、调整装入试样的量。

【任务实施】<<<——

一、知识准备

（一）基本概念

1. 恩氏黏度（Engler viscosity）

试样在某温度下从恩氏黏度计流出 200mL 所需的时间与蒸馏水在 20℃时水值（s）之比。用 E_t 表示，单位为条件度，用°E 表示。

2. 水值

20℃时从同一黏度计流出 200mL 蒸馏水所需要的时间，K_{20}，单位为 s。

（二）测定方法

GB/T 266—88 要求，恩氏黏度是试样在某温度从恩氏黏度计流出 200mL 所需的时间与蒸馏水在 20℃流出相同体积所需的时间（s）之比。在试验过程中，试样流出应成为连续的线状。温度 t 时的恩氏黏度，用符号 E_t 表示，恩氏黏度的单位为条件度，用符号°E 表示。

（三）测定意义

恩氏黏度一般用来评价重油，但其误差较大不常用。在有特殊需要如工程计算或买卖双方有特定要求时，需要测定恩氏黏度值。在已知运动黏度的情况下也可以求得恩氏黏度，它们之间有这样一个换算关系式，$E_t = 0.315\nu_t$，也可以通过查表来换算得到恩氏黏度。

二、仪器准备

汽油机油恩氏黏度测定实验所需主要仪器设备见图 2-87。

三、试剂准备

润滑油恩氏黏度测定实验所需试剂如表 2-72。

| (a) 石油产品恩氏黏度测定仪器 | (b) 接收瓶 | (c)温度计 | (d) 移液管(5mL) | (e) 烧杯(250mL) | (f) 秒表 |

图 2-87　润滑油恩氏黏度测定实验所需主要仪器设备

表 2-72　润滑油产品恩氏黏度测定试剂

试剂	用量	使 用 说 明
汽车机油	200mL	(1)测定黏度前,如果试样中含水,应加入新干燥并冷却的变色硅胶进行摇动,经过静置沉降后用滤纸过滤,并装入 250mL 的烧杯中 (2)试样要预先加热到稍高于 50℃ 温度
石油醚	分析纯	用于清洗油锅

四、操作步骤

M15-2

(一) 操作技术要点

润滑油恩氏黏度测定的操作步骤为：测定黏度计的水值→试样预处理→清洗仪器→注入试样→调试仪器→测定流出时间共六步。操作技术要点如表 2-73。

表 2-73　润滑油恩氏黏度测定的操作步骤和技术要点

操作步骤	技 术 要 点
测定黏度计的水值	(1)黏度计的内容器依次用石油醚、95%乙醇和蒸馏水洗涤,用空气吹干 (2)然后将黏度计的短脚放入铁三角架孔内并用螺钉固定 (3)再将清洁干燥的木塞插入流出管的上孔内,如图 2-88 (4)用接收瓶(依次用铬酸洗液、水、蒸馏水洗涤并干燥)将新蒸馏水(20℃)注入黏度计的内容器,至内容器中三个尖钉尖端刚露出水面为止 (5)将同温度蒸馏水注入黏度计的外容器,至浸到内容器的扩大部分为止 (6)旋转三角架调整螺钉,使内容器内三个尖钉尖端位于同一水平面,如图 2-89 (7)将空接收瓶(未干燥)放在流出管下面,稍提木塞,使容器中水全部流入接收瓶。不计时,保证流出管内装满水、流出管底端悬着一大滴水珠 (8)立即将木塞重新插入,接收瓶内的水沿玻璃棒重新注入内容器,切勿溅出 (9)将空接收器倒置在内容器上 1~2min 后,放回流出管下面 (10)搅拌内容器中蒸馏水,用插有温度计的盖绕木塞旋转 (11)搅拌外容器中蒸馏水,叶片式搅拌器 (12)当内外容器中液体温度都等于 20℃(5min 内温差不超 0.2℃)且内容器已经水平(三尖钉尖端刚好露出水面)时,迅速提起木塞(能自动卡着保持提起状态,不许拔出),同时开动秒表 (13)观察水流出情况,当凹液面下边缘到接收瓶 200mL 刻线处时,停止计时

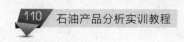

操作步骤	技 术 要 点
测定黏度计的水值	(14)流出时间连续测定四次,若各次结果与其算术平均值之差不大于 0.5s,则将此算术平均值作为第一次平均时间 (15)按上述要求再进行一次平行测定,若重复测定的平均流出时间之差不大于 0.5s,取两组结果的算术平均值作为水值 图 2-88　木塞插入流出管的上孔内　图 2-89　旋转三角架调整螺钉
试样预处理	(1)用每平方厘米至少 576 个孔的金属滤网过滤试样 (2)若试样含水,先用煅烧并冷却的食盐(硫酸钠或粒状无水氯化钙)摇动、静置沉降后再过滤
清洗仪器	用石油醚(已过滤)洗涤黏度计的内容器和流出管,用空气吹干
注入试样	(1)将木塞严密地塞住流出口,内容器中注入预先加热稍高于 50℃的试样(试样不能产生气泡,注入的试样液面要高于尖钉尖端) (2)外容器中液体也预先加热到稍高于规定温度(水或润滑油) (3)内容器试样恰好达到规定温度(±0.2℃),并恒定 5min (4)同时记下外容器液体温度,实验过程中保持此温度(恒定到±0.2℃)
调试仪器	(1)向外容器中注入预先加热到稍高于 50℃的蒸馏水 (2)当内容器中的试样温度恰好达到 50℃±0.2℃时,继续保持 5min,然后记下蒸馏水温度 (3)在实验过程中要保持外容器的蒸馏水温度变化小于 0.2℃,用搅拌器搅拌外容器中的蒸馏水,必要时可以用电加热装置加热外容器 (4)稍提木塞,使多余的试样流下,至 3 个尖钉的尖端露出液面为止(若流出过多,则逐滴补填试样,不能有气泡),如图 2-90 (5)黏度计加盖,接收器(清洁干燥)放在流出孔下面 (6)旋转插有温度计的盖子,搅拌试样 (a)　(b) 图 2-90　3 个尖钉的尖端露出液面
测定流出时间	(1)试样温度恰好达到 50℃±0.2℃时,停止搅拌,再保持 5min,然后迅速提起木塞,同时开动秒表(木塞提起位置与测水值相同) (2)稍后移动接收瓶,使试样沿瓶壁流下,以保证液面平稳上升,防止泡沫生成 (3)当试样正好到接收瓶中 200mL 刻线处时,停止计时,读取试样的留出时间,准确至 0.2s

（二）数据记录方法

润滑油恩氏黏度测定数据记录单如表 2-74。

表 2-74 润滑油恩氏黏度测定记录单

样品名称		分析时间	
检测依据	GB/T 266—88		
试验次数	1		2
水值			
试样用量/mL			
流出时间/s			
分析人			

（三）经验分享

（1）恩氏黏度计的各部件尺寸必须符合国家标准规定的要求，特别是流出管的尺寸规定非常严格，流出管及内容器的内表面已磨光和镀金，使用时应注意减少磨损，不准擦拭，不要弄脏。更换流出管时，要重新测定水值。

（2）测定前，黏度计应调试成水平状态，稍微提起木塞，让多余的试样流出，直至内容器中的 3 个尖钉刚好同时露出液面为止。

（3）测定时动作要协调一致，提木塞和开动秒表要同时进行。木塞提起的位置应保持与测定水值相同。当接收瓶中的试样恰好到 200mL 的标线时，立即停止计时，否则将引起测定误差。

（4）每次测定黏度前，用滤过的清洁溶剂油仔细洗涤黏度计的内容器及其流出管，然后用空气吹干。内容器不准擦拭，只允许用剪齐边缘的滤纸吸去剩下的滴液。仲裁实验时，每次重复试验前都要按此方法清洗仪器，并向内容器注入一份未经试验的试样。燃料油重复测定的两次结果超出精密度要求时，进行第三次测定前也必须按此方法清洗仪器，并向内容器注入一份未经试验的试样。北京时代新维生产的 TP725 全自动运动黏度测定仪可以实现黏度管清洗、烘干全自动化。

（5）标准黏度计的水值应等于 51s±1s。在测定黏度计的水值时，如果结果超出此范围，此结果就不具有评定意义。

（6）外容器加热液体的选择。若测定温度为 80～100℃时，应采用油浴，外容器中可加入润滑油；若测定温度在 80℃以下，则可选择水浴，考虑到结垢影响传热，外容器加入的应该为蒸馏水。

（7）试样中气泡的处理。注入试样时，不许有气泡存在，否则会影响流动时间的测定。如果发现有气泡存在，可以在试样瓶连接真空泵减压 10min 去除。

（8）流出时间的测量要准确。测定时提木塞和开动秒表要同时进行，木塞提起的位置应保持与测定水值相同。当接收瓶中的试样恰好到 200mL 的标线时，立即停止计时，否则将引起测定误差。

【任务评价】<<<—

一、计算

按照 GB/T 260—77（88）要求，由式(2-14)计算出试样的恩氏黏度。

$$E_t = \tau_t / K_{20} \qquad (2\text{-}14)$$

式中　E_t——试样在温度 t 时的恩氏黏度，°E（恩氏黏度）；

　　　τ_t——从恩氏黏度计中流出 200mL 所需要的时间，s；

　　　K_{20}——黏度计的水值，s。

二、精密度

同一操作者，重复测定两个流出时间之差不应大于下列数值，见表 2-75。

表 2-75　两次测定允许的体积差数

流出时间/s	重复性/s	流出时间/s	重复性/s
≤250	1	501～1000	5
251～500	3	>1000	10

三、报告

取重复测定两个结果的算术平均值，作为试样的恩氏黏度。

四、考核评价

考核时限为 95min，其中准备时间 5min，操作时间 90min。从正式操作开始计时。提前完成操作不扣分，超过规定操作时间按规定标准评分。违章操作或出现事故停止操作。润滑油恩氏黏度测定操作考核内容、考核要点、评分标准见表 2-76。

表 2-76　恩氏黏度测定评分记录表

序号	考核内容	考核要点	配分	评分标准	扣分	得分
1	准备工作	测定黏度计水值	20	未测定黏度计水值，扣 10 分		
		清洁并干燥仪器		未清洁干燥仪器，扣 5 分		
		外容器蒸馏水加热至稍高于 50℃		外容器蒸馏水未加热至稍高于 5℃		
2	准备试样	用滤网过滤试样	20	未过滤试样，扣 5 分		
		脱除试样中水分		试样含水，扣 5 分		
		预热试样至 50℃		未预热试样至 50℃，扣 10 分		
3	取样	用木塞严密塞住黏度计的流出孔	25	未用木塞严密塞住黏度计的流出孔，扣 15 分		
		注入试样量应以 3 个尖钉的尖端刚好露出油面为准		注入试样量不符合要求，扣 10 分		
4	测定	维持试样温度在 50℃±0.2℃，停止搅拌，保持 5min	20	未维持试样温度在 50℃±0.2℃，扣 5 分		
		提起木塞开动秒表		木塞未提起，扣 5 分		
		移动接收瓶，使试样沿瓶壁流下		未使试样沿瓶壁流下，扣 5 分		
		当接收瓶中试样正好达到 200mL 的标线时，停止秒表，读取留出时间，准确到 0.2s		记录时间不正确，扣 5 分		
5	记录	记录填写正确及时，无杠改，无涂改	10	杠改，涂改扣 2 分		
				记录错误扣 2 分		
				记录不及时扣 2 分		
		如实填写数据		有意凑改数据扣 10 分		
6	实验管理	台面整洁，仪器摆放整齐	5	台面不整洁，仪器摆放不整齐扣 2 分		
		废液正确处理		废液处理不当扣 2 分		
		器皿完好		操作中打碎器皿扣 1 分		
7	安全文明操作	按国家或企业颁布的有关规定执行		每违反一项规定从总分中扣 5 分，严重违规取消考核		
8	考核时限	在规定时间内完成		超时停止操作		
	合计		100			

【拓展训练】 <<<——

一、选择题

恩氏黏度是试样在某温度下从恩氏黏度计流出（　　）所需的时间与蒸馏水在 20℃ 流水值（s）之比。

A. 100mL　　　　　B. 150mL　　　　　C. 200mL　　　　　D. 250mL

二、判断题

（1）试样温度恰好达到规定温度时，保持 5min（不搅拌），完全拔出木塞，同时开动秒表。（　　）

（2）向内容器注入试样时，试样不能产生气泡，液面要高于尖钉尖端。（　　）

（3）调整恩氏黏度计的位置，旋转铁三角架的调整螺钉，使内容器中 3 个尖钉的尖端都处在同一水平面上。然后盖上内容器盖，并插入温度计。（　　）

三、问答题

（1）水值如何测定？

（2）如何记录试样流出量是多少时的流出时间？

参考答案

一、选择题

C

二、判断题

（1）×；（2）√；（3）√

三、问答题

（1）恩氏黏度计清洗干燥，内容器中装入蒸馏水，记录 20℃ 时，从恩氏黏度计中流出 200mL 蒸馏水所需要的时间，连续测定 4 次取平均值。

（2）接收瓶上有两条刻度线，分别表示 100mL 和 200mL。如，在试样流出第一滴开始计时，到接收瓶中试样到达 200mL 刻线停止计时。此段时间为试样流出 200mL 所需要时间。

项目十六　沥青软化点的测定

M16-1

【任务介绍】 <<<——

根据 GB/T 4507—1999《沥青软化点测定法（环球法）》检测沥青的软化点。

【任务分析】 <<<——

沥青的软化点是评价沥青耐热性能的指标，能间接评定沥青使用温度范围。软化点主要指的是无定形聚合物开始变软时的温度，它不仅与高聚物的结构有关，而且还与其分子量的大小有关。测定方法有很多。测定方法不同，其结果往往不一致。较常用的有维卡法和环球法等。本任务按照 GB/T 4507—1999《沥青软化点测定法（环球法）》检测沥青的软化点。

教学任务：在规定条件下测定沥青的软化点。

教学重点：掌握沥青软化点测定法（GB/T 4507—1999）。

教学难点：沥青试样模型的准备、设备的安装及使用。

【任务实施】 <<<←

一、知识准备

（一）基本概念

沥青软化点（softening point）是指在规定试验条件下，沥青达到特定软化程度时的温度，以℃表示。

（二）石油沥青的分类

1. 石油沥青按来源分

石油沥青按来源不同可分为天然沥青、矿沥青和原油生产的直馏沥青及氧化沥青四种。

天然沥青、矿沥青：由天然矿物直接生产的沥青。

原油生产的直馏沥青：原油分馏工艺中的减压蒸馏塔底抽出的重质渣油。

氧化沥青：直馏石油沥青在270～300℃的温度下，吹入空气氧化可制成氧化石油沥青。

2. 石油沥青按用途分

石油沥青按其用途可分为道路沥青、建筑沥青、油漆沥青、电缆沥青及橡胶沥青等。广泛用于道路铺设、建筑工程、水利工程、管道防腐、电器绝缘、化工原料和涂料等方面。产量最高的主要是道路沥青和建筑沥青。

（三）测定方法

GB/T 4507—1999《沥青软化点测定法（环球法）》适用于测定软化点范围在30～157℃的石油沥青和煤焦油沥青。其方法概要为：先将沥青试样熔化倒入规定尺寸的金属环模具中，冷却后，将规定质量的两个钢球分别置于盛有规定尺寸金属环的两个试样盘上，在加热介质中以恒定速度加热，当试样软化到使两个放在沥青上的钢球下落25mm距离时温度的平均值，即为试样的软化点。

（四）测定意义

软化点是表示沥青耐热性能的指标，能间接评定沥青使用温度范围，软化点低，说明沥青对温度敏感，延性和黏结性较好，但易变形。随着温度的升高，沥青逐渐变软，黏度降低。

二、仪器准备

沥青软化点的测定实验所需主要仪器设备见图2-91。

(a) 沥青软化点测定仪　(b) 钢球、钢球定位器　(c) 支撑板　(d) 刮刀　(e) 温度计　(f) 筛子　(g) 加热套

图2-91　沥青软化点的测定所需主要仪器

GB/T 4507—1999《沥青软化点测定法（环球法）》对钢球、钢球定位器和黄铜圈的具体要求如下。

（1）**钢球**　两只直径为9.5mm，每只质量为3.50g±0.05g。

（2）钢球定位器 用于使钢球定位于试样中央。

（3）黄铜圈 上内径19.8mm、下内径15.9mm。

（4）温度计 30～180℃，最小分度值0.5℃，全浸式温度计。

（5）筛 筛孔为0.3～0.5mm的金属网。

三、试剂准备

沥青软化点的测定实验所需试剂有建筑沥青、甘油，如表2-77。

表 2-77 沥青软化点测定试剂列表

试剂	用量	使用说明
沥青	100g	将大块沥青试样破碎成小块,备用
甘油	20mL	(1)用于涂抹玻璃板,起到隔离的作用 (2)用做加热介质,油浴,适用于测定80～157℃

四、操作步骤

（一）操作技术要点

M16-2

沥青软化点测定的操作步骤为准备黄铜环→试样预处理→注入试样→选择加热介质→安装、恒温仪器→测量记录六步。操作技术要点见表2-78。

表 2-78 沥青软化点测定的操作步骤和技术要点

操作步骤	技术要点
准备黄铜环	(1)将铜环放到涂有隔离剂的支撑板(玻璃板或金属板)上 (2)若估计软化点在120℃以上,应将黄铜环与支撑板预热至80～100℃,否则会出现沥青试样从铜环中完全脱落
试样预处理	(1)小心加热试样并不断搅拌以防止局部过热,直到样品变得流动,避免气泡进入样品中 (2)加热温度不超过预计试样软化点110℃ (3)加热时间不超过30min,用筛过滤,如图2-92 (4)加热至流淌状即可,不可加热至沸腾鼓泡。全过程在通风橱中完成,避免烫伤 (5)沥青样品加热至倾倒温度的时间不超过2h 图 2-92 过滤试样
注入试样	(1)将试样注入黄铜环内至略高环面为止,如图2-93 (2)在室温下至少冷却30min (3)对于在室温下较软的样品,应将试件在低于预计软化点10℃以上的环境中冷却30min (4)当试样冷却后用稍加热的小刀或刮刀干净地刮去多余的沥青,使得每一个圆片饱满且和环的顶部齐平,如图2-94 (5)从倒试样起至完成试验时间不得超过240min  图 2-93 注入试样 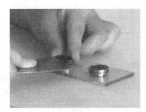 图 2-94 刮去多余的沥青

续表

操作步骤	技术要点
选择加热介质	软化点低于80℃的沥青应在水浴中测定,而高于80℃的在甘油浴中测定
安装、恒温仪器	(1)把仪器放在通风橱内,配置两个样品环钢球定位器 (2)将温度计插入合适的位置 (3)浴槽装满加热介质并使各仪器处于适当位置 (4)将盛有试样的铜环、定位器水平地安放在支架上,然后放在盛有甘油的烧杯中,恒温30℃±1℃,恒温15min (5)用镊子将钢球置于浴槽底部使其同支架的其他部位达到相同的起始温度 (6)恒温后,取出支架,将钢球从浴槽底部取出并置于定位器中,如图2-95 (7)安装好后,放入烧杯浴槽内 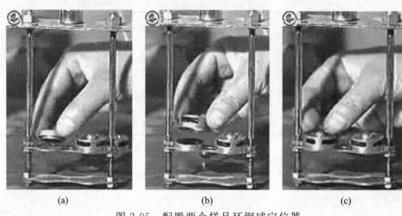 (a)　　　　　　(b)　　　　　　(c) 图2-95　配置两个样品环钢球定位器
测量记录	(1)从浴槽底部加热使温度以恒定的速率5℃/min上升(可用保护装置,防止通风影响) (2)3min后升温速度应达到5℃/min±0.5℃/min。若温度上升速率超过此限定范围则此次试验失败 (3)当两个试环的球刚触及下支撑板时,如图2-96,分别记录温度计所显示的温度  图2-96　球刚触及下支撑板

(二) 数据记录方法

沥青软化点测定数据记录单如表2-79。

表2-79　沥青软化点测定记录单

样品名称		分析时间	
检测依据		GB/T 4507—1999	
试验次数	1		2
加热介质			
升温速度			
软化点			
分析人			

(三) 经验分享

(1) 所有石油沥青试样的准备和测试必须在6h内完成,煤焦油沥青必须在4.5h内完成。

(2) 加热介质的选择。新煮沸过的蒸馏水适于软化点为30~80℃的沥青。起始加热介质温度应为5℃±1℃;甘油适于软化点为80~157℃的沥青,起始加热介质的温度应为30℃±1℃。

（3）如果重复试验不能重新加热样品，应在干净的容器中用新鲜样品制备试样。

（4）加热温度、时间的控制。沥青试样熔化温度过高，将使油分蒸发并激烈进行氧化作用，而改变沥青性质，导致软化点改变。

（5）升温速度的控制。升温速度过快，会使测定结果偏高，过慢会使测定结果偏低，因此要按规定的标准控制升温的速度。

（6）因为软化点的测定是条件性的试验，方法对于给定的沥青试样，当软化点约80℃时水浴中测定的软化点低于甘油浴中测定的软化点；软化点高于80℃时，从水浴变成甘油浴时的变化是不连续的，在甘油浴中所报告的最低可能沥青软化点为84.5℃，而煤焦油沥青的最低可能软化点为82℃。当甘油浴中软化点低于这些值时应转变为水浴中的软化点，并在报告中注明。

（7）无论在任何情况下如果甘油浴中所测得的石油沥青软化点的平均值为80℃或更低，煤焦油沥青软化点的平均值为77.5℃或更低，则应在水浴中重复试验；在任何情况下如果水浴中两次测定温度的平均值为85℃或更高，则应在甘油浴中重复试验。

（8）黄铜环内表面不应涂上隔离剂，以防止试样掉落。

【任务评价】 <<<—

一、计算

取两个温度的平均值作为沥青的软化点。如果两个温度的差值超过1℃则重新试验。无需对温度计的浸没部分进行校正。所有石油沥青试样的准备和测试必须在6h内完成。

二、精密度

（1）重复测定两次结果的差数不得大于1.2℃。

（2）同一试样由两个实验室各自提供的试验结果之差不应超过2.0℃。

三、报告

（1）取两试样结果的平均值作为报告值。

（2）报告试验结果时同时报告浴槽中所使用加热介质的种类。

四、考核评价

考核时限为205min，其中准备时间5min，操作时间200min。从正式操作开始计时。提前完成操作不扣分，超过规定操作时间按规定标准评分。违章操作或出现事故停止操作。沥青软化点测定操作考核内容、考核要点、评分标准见表2-80。

表 2-80 沥青软化点测定评分记录表

序号	考核内容	考核要点	配分	评分标准	扣分	得分
1	准备工作	将试样环至于涂有一层隔离剂的金属板或玻璃板上	2	金属板或玻璃板上未涂有一层隔离剂，扣2分		
2	试样预处理	将预先脱水的试样加热熔化，不断搅拌	18	没有不断搅拌，扣3分		
		加热温度不得高于试样估计软化点110℃		加热温度过高，扣5分		
		加热时间不超过30min		加热时间超过30min，扣5分		
		从加热到倾倒温度的时间不超过2h		从加热到倾倒温度的时间超过2h，扣5分		
3	取样	将试样注入黄铜环内至略高环面为止	12	试样注入量不符合要求，扣5分		
		试样在室温中至少冷却30min		冷却时间不符合要求，扣5分		
		用热刀刮去高出环面的试样，使圆片饱满，并与环面齐平		试样用热刀刮得不平，扣2分		

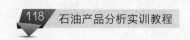

续表

序号	考核内容	考核要点	配分	评分标准	扣分	得分
4	安装装置	安装好两个试样环、钢球定位器、温度计,浴槽装满加热介质,用镊子将钢球置于浴槽底部,使其与支架的其他部位达到相同的起始温度,然后再用镊子从浴槽底部将钢球夹住并置于定位器中	10	装置安装不符合要求,扣5分		
5	测量	加热升温。从浴槽底部以恒定5℃/min的速度加热,在3min后,升温速度应达到5℃/min±0.5℃/min	20	升温速度不符合要求,扣10分。若温度上升速度超出此范围,则实验失败		
		当两个试环的球刚触及下支撑板时,分别记录温度计所显示的温度	3	记录不准确,扣3分		
6	记录	记录填写正确及时,无杠改,无涂改	10	填写不正确,一处错误扣0.5分,全不正确不得分；记录不及时,一处扣0.5分；一处杠改扣0.5分；一处涂改扣1分		
		如实填写数据		有意凑改数据扣5分,从总分中扣除		
7	分析结果	精密度符合标准要求	10	不符合标准规定扣10分		
		准确度符合标准要求	10	不符合标准规定扣10分		
8	实验管理	着装符合化验员要求	5	未按要求着装1处扣1分		
		台面整洁,仪器摆放整齐		台面不整洁,仪器摆放不整齐,一处扣1分		
		废液正确处理		废液处理不当一次扣1分		
		器皿完好		操作中打碎器皿一件扣1分		
9	安全文明操作	按国家或企业颁布的有关规定执行		违规操作一次从总分中扣除5分,严重违规停止本项操作		
10	考核时限	在规定时间内完成		按规定时间完成,每超时1min,从总分中扣5分,超时3min停止操作		
	合计		100			

【拓展训练】 <<<—

一、选择题

(1) 测定软化点时,若试样软化点为80~157℃,要选用甘油做加热介质,此时起始加热介质温度应为(　　)。

A. 25℃±1℃　　　　B. 15℃±1℃　　　　C. 20℃±1℃　　　　D. 30℃±1℃

(2) 软化点测定准备时,若估计软化点在120℃以上,应将黄铜环与金属板预热至(　　)。

A. 80~100℃　　　　B. 90~120℃　　　　C. 80~110℃　　　　D. 80~157℃

(3) 沥青软化点测定时,在任何情况下,如果水浴中两次测定温度平均值为(　　),则应在甘油浴中重复试验。

A. 85.0℃或更低　　B. 85.0℃或更高　　C. 80.0℃或更高　　D. 80.0℃或更低

(4) 测定沥青软化点时,对软化点低于80℃的试样,将盛有试样的黄铜环置于恒温槽内,水温保持在(　　)℃内。

A. 5±0.5　　　　　B. 10±0.5　　　　　C. 5±0.1　　　　　D. 10±0.1

(5) 测定沥青软化点时,对软化点低于80℃的试样,将盛有试样的黄铜环置于恒温槽内,恒温(　　) min。

A. 10　　　　　　　B. 25　　　　　　　C. 20　　　　　　　D. 15

（6）熔化石油沥青时，加热温度不应超过其估计软化点（　　　）℃，时间不要超过
（　　）min。

A. 80；30　　　　　　B. 100；20　　　　　　C. 80；20　　　　　　D. 90；30

二、判断题

（1）准备测定软化点时，黄铜环内表面可涂少量隔离剂，以防止黏附。　　　　（　　）

（2）准备测定软化点时，试样达到冷却时间后，可用热刀片刮去或用火烧平高出环面的
试样，使其与环面平齐。　　　　　　　　　　　　　　　　　　　　　　　　（　　）

（3）软化点是表示沥青耐热性能的指标，能间接评定沥青使用温度范围。　　（　　）

（4）软化点测定时，升温速度过快或过慢，均会使测定结果偏高。　　　　（　　）

三、问答题

（1）测定软化点时，如何选择加热介质？

（2）测定软化点时，升温速度过快或过慢，对结果有怎样的影响？

参考答案

一、选择题

（1）D；（2）A；（3）B；（4）A；（5）D；（6）D

二、判断题

（1）×；（2）×；（3）√；（4）×

三、问答题

（1）软化点低于80℃的沥青应在水浴中测定，而高于80℃的在甘油浴中测定。

（2）测定软化点时，升温速度过快，使测定结果偏高；升温过慢，使测定结果偏低。

项目十七　沥青针入度的测定

M17-1

【任务介绍】 <<<——

按照 GB/T 4509—1998《沥青针入度测定法》检测沥青的针入度。

【任务分析】 <<<——

沥青针入度是表明沥青软硬程度和黏稠程度的指标。GB/T 4509—1998《沥青针入度测
定法》适用于测定针入度小于350的固体和半固体沥青材料，也使用于测定针入度为350～
500的沥青材料。

教学任务：在规定时间内检测沥青的针入度。

教学重点：掌握沥青针入度测定法（GB/T 4509—1998）。

教学难点：沥青试样模型的准备、设备的安装及使用。

【任务实施】 <<<——

一、知识准备

（一）基本概念

针入度（needle penetration）：用标准针在一定的载荷、时间及温度条件下垂直穿入沥

青试样的深度来表示，单位为 1/10mm。

（二）测定方法

GB/T 4509—1998《沥青针入度测定法》适用于测定针入度小于 500 单位的沥青材料。该测定法的方法概要为用标准针在一定的载荷、时间及温度条件下垂直穿入沥青试样的深度来表示。单位为 1/10mm。除非另行规定，标准针、针连杆与附加砝码的总质量为 100g±0.05g，温度为 25℃±0.1℃，时间为 5s。

（三）测定意义

（1）沥青针入度是反映沥青在一定温度下软硬程度的指标。沥青针入度越大，说明沥青黏稠度越小，沥青就越软。

（2）我国用 25℃ 的针入度划分沥青牌号。针入度越大，沥青牌号越高。70 号沥青针入度 70，90 号沥青针入度 90，气候不同选择的标号不同，北方标号高，南方标号低。我国道路石油沥青按针入度分为 200、180、140、100 甲、100 乙、60 甲、60 乙 7 个牌号。我国建筑石油沥青按针入度分为 10、30 和 40 三个牌号。

（3）对于道路沥青来说，根据针入度大小可以判断沥青和石料混合搅拌的难易。

二、仪器准备

沥青针入度测定实验所需主要仪器设备见图 2-97。

(a) 沥青针入度　　　(b) 平底玻璃皿　(c) 试样皿　(d) 标准针　　(e) 恒温浴　　(f) 加热套　　(g) 筛子
测定器

图 2-97　沥青针入度测定实验所需主要仪器设备

恒温浴：容量不少于 10L，能保持温度在实验温度下控制在 0.1℃ 范围内。设有内置泵，可将恒温水循环注入玻璃皿中。

平底玻璃皿：容量不小于 350mL。

试样皿：金属或玻璃圆柱型平底皿的尺寸如表 2-81。

表 2-81　金属或玻璃圆柱型平底皿的尺寸

针入度范围/(0.1mm)	直径/mm	深度/mm
<40	33～55	8～16
<200	55	35
200～350	55～75	45～70
350～500	55	70

三、试剂准备

沥青针入度测定实验所需试剂有建筑沥青和甘油，如表 2-82。

表 2-82　沥青针入度测定试剂

试剂	用量	使用说明
沥青	200g	将大块沥青试样破碎成小块,备用
甘油	30mL	(1)用于涂抹玻璃板,起到隔离的作用 (2)用做加热介质,油浴。进行脱水处理

四、操作步骤

M17-2

（一）操作技术要点

沥青针入度测定的操作步骤为：预处理试样→注入试样→试样恒温→调试仪器→测定操作等五步。操作技术要点见表 2-83。

表 2-83　沥青针入度测定的操作步骤和技术要点

操作步骤	技术要点
预处理试样	(1)试样加热熔化，不断搅拌，以防止局部过热，加热温度不得高于试样估计软化点 110℃，加热时间不超过 30min (2)用筛过滤，从加热到倾倒温度的时间不超过 2h。避免试样中进入气泡，如图 2-98 图 2-98　过滤试样
注入试样	将试样倒入预先选好的试样皿中，试样深度应大于预计穿入深度的 120%，如果试样皿的直径小于 65mm，而预期针入度高于 200 单位，每个实验条件都应倒 3 个试样，如果试样足够，浇注的试样要达到试样皿边缘，如图 2-99 (a)　　　　　　　(b) 图 2-99　注入试样
试样恒温	(1)松松地盖住试样皿以防灰尘落入，如图 2-100。室温下冷却 1.0～1.5h (2)然后将试样皿放入装有(25±0.1)℃恒温水浴的平底玻璃皿中，水面应没过试样表面 10mm 以上，如图 2-101。恒温 1.0～1.5h 图 2-100　松松地盖住试样皿　　　图 2-101　试样皿放入恒温浴

续表

操作步骤	技术要点
调试仪器	(1)调节针入度计水平,检查针连杆和导轨,确保上面没有水和其他物质 (2)先用合适的溶剂将针擦干净,再用干净的布擦干,然后将针插入针连杆中固定,按试验条件放好砝码
测定操作	(1)将已恒温到试验温度的试样皿和平底玻璃皿取出,放置在针入度计的平台上 (2)慢慢放下针连杆,使针尖刚刚接触到试样的表面,如图 2-102,必要时用放置在合适位置的光源反射来观察 (3)拉下活杆,使其与针连杆顶端相接触,调节针入度计上的表盘读数指零 (4)用手紧压按钮,同时启动秒表,使标准针自由下落穿入沥青试样,到规定的时间停压按钮,使标准针停止移动。 (5)拉下活杆,再使其与针连杆顶端接触,此时表盘指针的读数即为试样的针入度,用 1/10mm 表示

图 2-102　针尖刚刚接触试样表面

(二) 数据记录方法

沥青针入度测定数据记录单如表 2-84。

表 2-84　沥青针入度测定记录单

样品名称		分析时间	
检测依据		GB/T 4509—1998	
试验次数	1	2	3
试样温度			
针入度读数			
分析人			

(三) 经验分享

(1) 加热温度和时间的控制。试样熔化时应防止过热和受热时间过长。要求加热焦油沥青加热不超过软化点 60℃;石油沥青加热不超过软化点 90℃,加热时间不超过 30min。在保证试样流动性的基础上,加热时间应尽量减少。

(2) 试样的冷却时间和温度的控制。分析:冷却温度过低,测得的针入度偏小,反之偏大。

(3) 试样倒入试样皿或者搅拌时,不允许有气泡产生,否则会影响测定结果。

(4) 同一试样至少重复测定三次。每一试验点的距离和试验点与试样皿边缘的距离都不得小于 10mm。每次试验前都应将试样和平底玻璃皿放入恒温水浴中,每次测定都要用干净的针。当针入度超过 200 时,至少用三根针,每次试验用的针留在试样中,直到三根针扎完时再将针从试样中取出。针入度小于 200 时,可将针取下,用合适的溶剂擦净后继续使用。

(5) 倒入盛样皿的试样,若有气泡应除净,否则使测定结果偏大。

【任务评价】 <<←

一、计算

取三次测定针入度的平均值作为实验结果(取至整数)。三次测定的针入度值相差不应大于表 2-85 中的数值。

表 2-85 针入度测定结果允许的差值

针入度/(1/10mm)	最大差值/(1/10mm)	针入度/(1/10mm)	最大差值/(1/10mm)
0～49	2	150～249	6
50～149	4	250～350	8

二、精密度

1. 重复性

同一操作者同一试样，利用同一台仪器测得的两次结果不超过平均值的 4%。

2. 再现性

不同操作者同一试样，利用同一类型仪器测得的两次结果不超过平均值的 11%。

三、报告

取三次测定结果的算术平均值，作为试样的针入度。

四、考核评价

考核时限为 205min，其中准备时间 5min，操作时间 200min。从正式操作开始计时。提前完成操作不扣分，超过规定操作时间按规定标准评分。违章操作或出现事故停止操作。沥青针入度测定操作考核内容、考核要点、评分标准见表 2-86。

表 2-86 沥青针入度测定评分记录表

序号	考核内容	考核要点	配分	评分标准	扣分	得分
1	准备工作	试样皿中均匀涂抹甘油	2	试样皿中未均匀涂抹甘油,扣2分		
2	试样预处理	将预先脱水的试样加热熔化,不断搅拌	10	没有不断搅拌,扣3分		
		加热温度不高于试样估计软化点110℃		加热温度过高,扣5分		
		加热时间不超过30min		加热时间超过30min,扣5分		
		从加热到倾倒温度的时间不超过2h		从加热到倾倒温度的时间超过2h,扣5分		
3	取样	将试样倒入预先选好的两个试样皿中,试样深度应大于预计穿入深度10mm	5	试样注入量不符合要求,扣5分		
4	试样恒温	松松地盖住试样皿以防灰尘落入。在15～30℃的室温下冷却1～1.5h(小试样皿)或1.5~2.0h(大试样皿),然后将两个试样皿和平底玻璃皿一起放入恒温水浴中,水面应没过试样表面10mm以上。在规定的试验温度下冷却。小试样皿恒温1～1.5h,大试样皿恒温1.5～2.0h	10	试样恒温不符合要求,扣10分		
5	调试仪器	调节针入度计水平,检查针连杆和导轨,确保上面没有水和其他物质	8	未调水平,扣分 有水和其他物质存在,扣3分		
		用合适的溶剂将针擦干净,再用干净的布擦干		未清洁针,扣5分		
6	测定	慢慢放下针连杆,使针尖刚刚接触到试样的表面	30	针尖没有按要求接触试样表面,扣10分		
		调节针入度计上的表盘读数指零		未调节针入度计上的表盘读数指零,扣10分		
		拉下活杆,使其与针连杆顶端接触,调节针入度计上的表盘读数指零		未调节针入度计上的表盘读数指零,扣10分		

续表

序号	考核内容	考核要点	配分	评分标准	扣分	得分
7	记录	记录填写正确及时,无杠改,无涂改	10	填写不正确,一处错误扣0.5分,全不正确不得分 记录不及时,一处扣0.5分 一处杠改扣0.5分 一处涂改扣1分		
		如实填写数据		有意凑改数据扣5分,从总分中扣除		
8	分析结果	精密度符合标准要求	10	不符合标准规定扣10分		
		准确度符合标准要求	10	不符合标准规定扣10分		
9	实验管理	着装符合化验员要求	5	未按要求着装1处扣1分		
		台面整洁,仪器摆放整齐		台面不整洁,仪器摆放不整齐,一处扣1分		
		废液正确处理		废液处理不当一次扣1分		
		器皿完好		操作中打碎器皿一件扣1分		
10	安全文明操作	按国家或企业颁布的有关规定执行		违规操作一次从总分中扣除5分,严重违规停止本项操作		
11	考核时限	在规定时间内完成		按规定时间完成,每超时1min,从总分中扣5分,超时3min停止操作		
	合计		100			

【拓展训练】 <<<—

一、选择题

(1) 测定石油沥青针入度时,要求加热时间不超过 30 min,温度不超过其软化点的(   )。

A. 60℃   B. 100℃   C. 90℃   D. 110℃

(2) 沥青针入度测定时,当针入度超过 200 时,至少用(   )。

A. 1 根针   B. 3 根针   C. 2 根针   D. 5 根针

(3) 测定石油沥青针入度时,恒温水浴容量不小于(   )L,保持温度在试验温度的(   )℃范围内。

A. 10;±0.2   B. 5;±0.1   C. 10;±0.1   D. 5;±0.2

二、判断题

(1) 沥青的软化点越高,其针入度越小。(   )

(2) S 熔化石油沥青时,加热时间越长,其针入度越大。(   )

(3) 测定沥青针入度时,倒入盛样皿中的试样,若有气泡则测定结果将偏大。(   )

参考答案

一、选择题

(1) C;(2) B;(3) C

二、判断题

(1) √;(2) ×;(3) √

项目十八 沥青延度的测定

【任务介绍】 <<<—

按照 GB/XT 4508—2010《沥青延度测定法》检测沥青延度。

M18-1

【任务分析】 <<<—

沥青延度是表示沥青在一定温度下受力拉伸至断裂前的变形能力的指标。延度试验是将沥青做成 8 字形标准试件，根据要求通常采用温度为 25℃、15℃、10℃、5℃，以 5cm/min（当低温采用 1cm/min）速度拉伸至断裂时的长度（cm）为延度。

教学任务：在规定时间内测定沥青延度。

教学重点：掌握沥青延度测定法（GB/T 4508—2010）。

教学难点：沥青试样模型的准备。

【任务实施】 <<<—

一、知识准备

（一）基本概念

延度（ductility）：指在规定的温度和拉伸速度下，将在模具内铸成规定形状的沥青试样拉伸至断裂时的长度，以 cm 为单位。

（二）测定方法

GB/T 4508—2010《沥青延度测定法》的方法概要为：将熔化的试样注入专用模具中，先在室温下冷却，然后放入保持在实验温度下的水浴中冷却，用热刀削去高出模具的试样，把模具重新放回水浴，再经一定时间，然后移到延度仪中。沥青试件在一定温度下以一定速度拉伸至断裂时的长度，即为沥青试样的延度。

（三）测定意义

延度是表示沥青在一定温度下受力拉伸至断裂前的变形能力的指标，即评定沥青塑性的重要指标。延度越大，表明沥青的塑性越好。

同时，延度的大小表明沥青的黏性、流动性，开裂后的自愈能力以及受机械应力作用后变形而不被破坏的能力。

二、仪器准备

沥青延度测定实验所需仪器设备见图 2-103。

(a) 沥青延度的测定仪器　(b) 模具　(c) 支撑板　(d) 温度计　(e) 加热套　(f) 筛子

图 2-103　沥青延度的测定仪器

GB/T 4508—2010《沥青延度测定法》对主要设备的要求如下。

（1）沥青延度的测定仪器　水浴能保持实验温度变化不大于 0.1℃，容量至少为 10L，水浴中设置带孔搁架以支撑试件，搁架距水浴底部不得小于 5cm。

（2）模具　试件模具由黄铜制造，由两个弧形端模和两个侧模组成。

（3）温度计　0～50℃，分度为 0.1℃ 和 0.5℃，各 1 支。

三、试剂准备

沥青延度测定实验所需试剂如表 2-87。

表 2-87　沥青延度测定试剂

试剂	用量	使用说明
沥青	200g	将大块沥青试样破碎成小块，备用
甘油	30mL	(1)用于涂抹玻璃板，起到隔离的作用 (2)用做加热介质，油浴。

四、操作步骤

M18-2

（一）操作技术要点

沥青延度测定的操作步骤为准备模具→加热沥青→装试样→试样恒温→试样拉伸→测定等六步。操作技术要点见表 2-88。

表 2-88　沥青延度测定的操作步骤和技术要点

操作步骤	技术要点
准备模具	(1)将模具组装在玻璃板上，将甘油涂于玻璃板表面及侧模的内表面，以防沥青沾在模具上 (2)板上的模具要水平放好，以便模具的底部能够充分与板接触，如图 2-104 图 2-104　模具
加热沥青	(1)试样加热熔化，不断搅拌，以防止局部过热，加热温度不得高于试样估计软化点 110℃，加热时间不超过 30min (2)用筛过滤，如图 2-105。从加热到倾倒温度的时间不超过 2h 图 2-105　过滤试样
装试样	(1)将熔化的试样在充分搅拌后倒入模具中，使试样呈细流状，自模具的一端至另一端往返倒入，不留死角，使试样略高出模具 (2)将试件在空气中冷却 30~40min (3)然后放在规定温度的水浴中保持 30min 取出 (4)用热的直刀或铲将高出模具的沥青刮出，使试样与模具齐平，如图 2-106 (a)　　　　　(b) 图 2-106　刮掉多余沥青

操作步骤	技术要点
试样恒温	(1)将玻璃板、模具和试件一起放入水浴中,并在25℃±0.5℃的实验温度下保持85～95min (2)从板上取下试件,拆掉侧模,立即进行拉伸实验
试样拉伸	将模具两端的孔分别套在实验仪器的柱上,然后以5cm/min±0.25cm/min的速度拉伸,直到试件拉伸断裂为止。如图2-107 图2-107　拉伸试样
测定	正常的实验应将试样拉成锥形,直至在断裂时实际横断面面积接近零。记录试件从拉伸到断裂所经过的距离,以cm表示

（二）数据记录方法

沥青延展度测定数据记录单如表2-89。

表2-89　沥青延展度测定记录单

试验温度/℃			延伸速度	
试验次数	1	2		3
延伸值/cm				
平均延度/cm				
结论				
备注				
分析人			分析日期	

（三）经验分享

（1）沥青试样拉成细线后,若细线浮于水面或沉于槽底,不呈直线延伸,应加入乙醇或食盐水调整水的密度,以调整其浮沉状态。

（2）熔化试样时,加热温度不得高于试样估计软化点100℃。沥青熔化温度过热及在长时间的热作用下,延度会减小。

（3）沥青试样应在冷却至25℃的条件下进行延伸试验。若冷却温度低于规定,则测得结果偏小,反之则偏大。

（4）石油沥青试样从加热至倾倒温度时的时间不超过2h,煤焦油沥青从加热至倾倒温度时的时间不超过30min。

（5）沥青试样应注意除去水分和气泡,保持良好的成型状况。

【任务评价】<<<←——

一、精密度

按下述规定判断试验结果的可靠性（置信度为95%）。

1. 重复性

同一试样,同一操作者重复测定两次的结果的差值不超过平均值的10%。

2. 再现性

同一试样,在不同实验室测定结果的差值不超过平均值的20%。

二、报告

若三个试件测定值的最大差值在其平均值的 5% 内，取平行测定 3 个结果的平均值作为测定结果。

若三个试件测定值的最大差值不在其平均值的 5% 内，但其中两个较高值的差值在平均值的 5% 之内，则弃去最低测量值，取两个较高值的平均值作为测定结果。

如果三个试件的实验得不到正常结果，则报告在该条件下延度无法测定。三次实验得不到正常结果，则报告在该条件下延度无法测定。

三、考核评价

考核时限为 205min，其中准备时间 5min，操作时间 200min。从正式操作开始计时。提前完成操作不扣分，超过规定操作时间按规定标准评分。违章操作或出现事故停止操作。沥青延展度测定操作考核内容、考核要点、评分标准见表 2-90。

表 2-90　沥青延展度测定评分记录表

序号	考核内容	考核要点	配分	评分标准	扣分	得分
1	准备工作	将模具组装在支撑板上，将隔离剂涂于支撑板表面及侧模的内表面，板上的模具要水平放好	5	支撑板表面及侧模的内表面未涂隔离剂，扣 3 分 模具不水平，扣 2 分		
2	试样预处理	将预先脱水的试样加热熔化，不断搅拌	15	没有不断搅拌，扣 2 分		
		加热温度不得高于试样估计软化点 110℃		加热温度过高，扣 5 分		
		加热时间不超过 30min		加热时间超过 30min，扣 5 分		
		从加热到倾倒温度的时间不超过 2h		从加热到倾倒温度的时间超过 2h，扣 3 分		
3	取样	把试样倒入模具中，在倒样时使试样呈细流状，自模具的一端至另一端往返倒入，使试样略高出模具	15	取样不符合要求，扣 5 分		
		将试件在空气中冷却 30～40min，然后放在规定温度的水浴中保持 30min		试样冷却温度和时间不符合要求，扣 5 分		
		用热的直刀或铲将高出模具的沥青刮出，使试样与模具齐平		试样未刮平，扣 5 分		
4	试样恒温	将支撑板、模具和试件一起放入水浴中，并在 25℃±0.5℃的实验温度下保持 85～95min	20	恒温温度和时间不符合要求		
5	测定	将模具两端的孔分别套在实验仪器的柱上，然后以 5cm/min±0.25cm/min 的速度拉伸，直到试件拉伸断裂	10	拉伸速度不符合要求，扣分		
6	记录	记录填写正确及时，无杠改，无涂改	10	填写不正确，一处错误扣 0.5 分，全不正确不得分 记录不及时，一处扣 0.5 分 一处杠改扣 0.5 分 一处涂改扣 1 分		
		如实填写数据		有意凑改数据扣 5 分（从总分中扣除）		
7	分析结果	精密度符合标准要求	10	不符合标准规定扣 10 分		
		准确度符合标准要求	10	不符合标准规定扣 10 分		

续表

序号	考核内容	考核要点	配分	评分标准	扣分	得分
8	实验管理	着装符合化验员要求	5	未按要求着装一处扣1分		
		台面整洁,仪器摆放整齐		台面不整洁,仪器摆放不整齐,一处扣1分		
		废液正确处理		废液处理不当一次扣1分		
		器皿完好		操作中打碎器皿一件扣1分		
合计			100			

【拓展训练】<<←—

一、选择题

(1) 沥青延度测定时的水浴要求保持温度变化不大于 (　　)。

A. 0.1　　　　　B. 0.5　　　　　C. 1　　　　　D. 2

(2) 沥青延度测定时的水浴要求容量至少是 (　　) L。

A. 5　　　　　B. 10　　　　　C. 15　　　　　D. 20

(3) 沥青延度测定的模具是由 (　　) 制造的。

A、铁　　　　　B. 钢　　　　　C. 黄铜　　　　　D. 铝

(4) 沥青延度测定时,沥青试样加热至倾倒温度的时间不超过 (　　) h。

A. 1　　　　　B. 2　　　　　C. 3　　　　　D. 4

(5) 沥青延度测定时,沥青试样加热温度不超过沥青估计软化点 (　　)℃。

A. 90　　　　　B. 110　　　　　C. 120　　　　　D. 130

(6) 沥青延度测定时,将装有试样的模具放在水浴中保持 (　　) min。

A. 10　　　　　B. 20　　　　　C. 30　　　　　D. 40

(7) 沥青延度测定时,试件距水面和水底的距离不小于 (　　) cm。

A. 2.0　　　　　B. 2.5　　　　　C. 3.0　　　　　D. 3.5

(8) 测定沥青延度时,如发现沥青细丝浮于水面时,应在水浴中加入 (　　)。

A. 乙醚　　　　　B. 乙醇　　　　　C. 石油醚　　　　　D. 食盐水

(9) 测定石油沥青延度时,要求延度仪以 (　　) cm/min 速度拉伸试件。

A. 5±0.2　　　　　B. 5±0.25　　　　　C. 10±0.25　　　　　D. 10±0.2

二、判断题

(1) 沥青延度测定的隔离剂是由一份甘油和一份滑石粉调制而成的。(　　)

(2) 沥青延度测定所用的支撑板是黄铜板。(　　)

(3) 沥青的延度测定是在水温保持 (25±0.5)℃条件下进行的,若温度低于此规定的温度,则测定结果偏大。(　　)

(4) 沥青在氧化过程中,加热温度过高,受热时间越长,沥青针入度变小,延度减小,软化点增高。(　　)

(5) 测定沥青延度时,在正常情况下,应将试样拉伸成锥形或线形或柱形,在断裂时,实际横断面接近于零或一均匀断面。(　　)

(6) 测定沥青延度时,加热温度对结果没有影响。(　　)

参考答案

一、选择题

(1) A;(2) B;(3) C;(4) B;(5) A;(6) C;(7) B;(8) B;(9) B

二、判断题

(1) ×;(2) √;(3) ×;(4) √;(5); √ (6) ×

第三部分

附录

附录一　GB 17930—2011 车用汽油 (国Ⅳ)技术要求和实验方法

项目		质量指标	试验方法
研究法辛烷值(RON)	不小于	90/93/97	GB/T 5487
抗爆指数(RON+MON)/2	不小于	85/88/报告	GB/T 503、GB/T 5487
铅含量[a]/(g/L)	不大于	0.005	GB/T 8020
铁含量[a]/(g/L)	不大于	0.01	SH/T 0712
锰含量[g]/(g/L)	不大于	0.008	SH/T 0711
甲醇含量[a](质量体积)/%	不大于	0.3	SH/T 0663
馏程:10%蒸发温度/℃	不高于	70	
50%蒸发温度/℃	不高于	120	
90%蒸发温度/℃	不高于	190	GB/T 6536
终馏点/℃	不高于	205	
残留量/%(体积分数)	不大于	2	
蒸气压[b]/kPa			
从11月1日至4月30日	不大于	85	GB/T 8017
从5月1日至10月31日	不大于	68	
溶剂洗胶质含量/(mg/100mL)	不大于	5	GB/T 8019
诱导期/min	不小于	480	GB/T 8018
硫含量[c](质量体积)/%	不大于	0.005	SH/T 0689
硫醇(需满足下列要求之一,即判断为合格)			
博士试验		通过	SH/T 0174
硫醇硫含量(质量体积)/%	不大于	0.001	GB/T 1792
铜片腐蚀(50,3h)/级	不大于	1	GB/T 5096
水溶性酸或碱		无	GB/T 259
机械杂质及水分		无	目测[d]
苯含量[e](体积分数)/%	不大于	1.0	SH/T 0713、SH/T 0693
芳烃含量[f](体积分数)/%	不大于	40	GB/T 11132
烯烃含量[f](体积分数)/%	不大于	28	GB/T 11132
氧含量(质量分数)/%	不大于	2.7	SH/T 0663
密度(20℃)/(kg/m³)		报告	GB/T 1884

　　a. 车用汽油中,不得人为加入甲醇以含铅或含铁的添加剂。

　　b. 允许采用 SH/T 0794,有异议时,以 GB/T 8017 测定结果为准。

　　c. 允许采用 GB/T 11140、SH/T 0253,有异议时,以 SH/T 0689 测定结果为准。

　　d. 将试样注入 100mL 玻璃量筒中观察,应当透明,没有悬浮和沉降的机械杂质和水分。有异议时,以 GB/T 511 和 GB/T 260 方法测定结果为准。

　　e. 允许采用 SH/T 0693,有异议时,以 SH/T0713 测定结果为准。

　　f. 对于 97 号车用汽油,在烯烃、芳烃总含量控制不变的前提下,可允许芳烃的最大值为 42%(体积分数),允许采用 SH/T 0741,有异议时,以 GB/T 11132 测定结果为准。

　　g. 锰含量是指汽油中以甲基环戊二烯三羰基锰形式存在的总锰含量,不得加入其他类型的含锰添加剂。

附录二 GB 19147—2013《车用柴油Ⅳ》 国家标准技术要求和实验方法

项目	质量指标(GB/T 19147—2003)							实验方法
	10号	5号	0号	−10号	−20号	−35号	−50号	
氧化安定性,总不溶物[①] /[mg/(100mL)] 不大于	2.5	2.5	2.5	2.5	2.5	2.5	2.5	SH/T 0175
硫含量[②] (质量分数)/% 不大于	0.05	0.05	0.05	0.05	0.05	0.05	0.05	GB/T 380
10%蒸余物残炭[③] (质量分数)/% 不大于	0.3	0.3	0.3	0.3	0.3	0.3	0.3	GB/T 268
灰分 (质量分数)/% 不大于	0.01	0.01	0.01	0.01	0.01	0.01	0.01	GB/T 508
铜片腐蚀 (50℃,3h)/级 不大于	1	1	1	1	1	1	1	GB/T 5096
水分[④] (体积分数)/% 不大于	痕迹	痕迹	痕迹	痕迹	痕迹	痕迹	痕迹	GB/T 260
机械杂质[④]	无	无	无	无	无	无	无	GB/T 511
润滑性磨痕直径 (60℃)[⑤]/μm 不大于	460	460	460	460	460	460	460	ISO 12156-1
运动黏度(20℃) /(mm²/s)	3.0~8.0	3.0~8.0	3.0~8.0	3.0~8.0	2.5~8.0	1.8~7.0	1.8~7.0	GB/T 265
凝点/℃ 不高于	10	5	0	−10	−20	−35	−50	GB/T 510
冷滤点/℃ 不高于	12	8	4	−5	−14	−29	−44	SH/T 0248
闪点(闭口)/℃ 不低于	55	55	55	55	50	45	45	GB/T 261
着火性(需满足下列要求之一) 十六烷值 不小于 或十六烷指数 不小于	49 46	49 46	49 46	49 46	46 46	45 43	45 43	GB/T 386 GB/T11139 SH/T 0694
馏程: 50%回收温度/℃不高于 90%回收温度/℃不高于 95%回收温度/℃不高于	300 355 365	300 355 365	300 355 365	300 355 365	300 355 365	300 355 365	300 355 365	GB/T 6536
密度(20℃)/(kg/m³)	820~860	820~860	820~860	820~860	820~860	820~840	800~840	GB/T 1884 GB/T 1885

① 为出厂保证项目,每月应检测一次。在原油性质变化,加工工艺条件改变,调合比例变化及检修开工后等情况下应及时检测。对特殊要求用户,按双方合同要求进行检验。

② 可用 GB/T 11131、GB/T 11140、GB/T 12700、GB/T 17040 和 SH/T 0689 方法测定。结果有争议时,以 GB/T 380 方法为准。

③ 可用 GB/T 17144《石油产品残炭测定法（微量法）》方法测定。结果有争议时,以 GB/T 268《石油产品残炭测定法（康氏法）》方法为准。若柴油中含有硝酸酯型十六烷值改进剂及其他性能添加剂时,10%蒸余物残炭的测定,必须用不加硝酸酯及其他添加剂的基础燃料进行。柴油中是否含有硝酸酯型十六烷值改进剂,可用本标准附录 A 中的方法检验。

④ 可用目测法,即将试样注入 100mL 玻璃筒中,在室温（20℃±5℃）下观察,应当透明。没有悬浮和沉降的水分及机械杂质。如果有争议时,按 GB/T 260《石油产品水分测定法》或 GB/T 511《石油产品和添加剂机械杂质测定法（重量法）》测定。

⑤ 为出厂保证项目,对特殊要求用户,按双方合同要求进行检验。

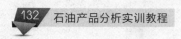

附录三　汽油机油技术要求

项目	质量指标(GB 11121-1995)											实验方法
品种代号	SC					SD(SD/CC)						
黏度等级（按 GB/T 14906）	5W/20	10W/30	15W/40	30	40	5W/30	10W/30	15W/40	20/20W	30	40	—
运动黏度(100℃)/(mm²/s)	5.6~<9.3	9.3~<12.5	12.5~<16.3	9.3~<12.5	12.5~<16.3	9.3~<12.5	9.3~<12.5	12.5~<16.3	5.6~<9.3	9.3~<12.5	12.5~<16.3	GB/T 265
低温动力黏度/mPa·s 不大于	3500(-25℃)	3500(-20℃)	3500~25℃	—	—	3500~25℃	3500(-25℃)	3500(-15℃)	4500(-10℃)	—	—	GB/T 6538
边界泵送温度/℃ 不高于	-30	-25	-20			-30	-25	-20	-15			GB/T 9171
黏度指数 不小于	—	—	—	75	80	—	—	—	—	75	80	GB/T 1995 或 GB/T 2541
闪点(开口)[①]/℃ 不低于	200	205	215	220	225	200	205	215	210	220	225	GB/T 3536
倾点/℃ 不高于	-35	-30	-23	-15	-10	-35	-30	-23	-18	-15	-10	GB/T 3535
泡沫性（泡沫倾向/泡沫稳定性） 24℃　不大于 93.5℃　不大于 后24℃　不大于	25/0 150/0 25/0					25/0 150/0 25/0						GB/T 12579
沉淀物[②]/% 不大于	0.01					0.01						GB/T 6531
水分/% 不大于	痕迹					痕迹						GB/T 260
残炭(加剂前)	报告					报告						GB/T 268
中和值(加剂前)	报告					报告						GB/T 7304
硫酸盐灰分	报告					报告						GB/T 2433
硫含量	报告					报告						GB/T 387[③] 或 GB/T 388 GB/T 11140 SH/T 0172
磷含量	报告					报告						SH/T 0296
钙含量	报告					报告						SH/T 0270[④]

项目	质量指标(GB 11121—1995)		实验方法
品种代号	SC	SD(SD/CC)	
钡含量	报告	报告	SH/T 0225④
锌含量	报告	报告	SH/T 0226④
镁含量	报告	报告	SH/T 0061

①中黏度指数（MVI）和低黏度指数（LVI）基础油生产的单级油产品允许比标准规定闪点指标低10℃。

②可采用 GB/T 511 测定机械杂质，指标不变。有争议时，以 GB/T 6531 为准。

③生产厂家可根据自己的配方选择适当的测定方法。

④允许用原子吸收光谱或 SH/T 0309—1992《含添加剂润滑油的钙、钡、锌含量测定法（络合滴定法）》测定

附录四　建筑石油沥青质量指标

项目	质量指标(GB/T 494—1998)			试验方法
	10 号	30 号	40 号	
针入度(25℃,100g,5s)/(1/10mm)	10～25	26～35	36～50	GB/T 4509
延度(25℃,5cm/min)/cm 不小于	1.5	2.5	3.5	GB/T 4508
软化点(环球法)/℃ 不低于	95	75	60	GB/T 4507
溶解度(三氯甲烷、三氯乙烷、四氯化碳或苯)/% 不小于	99.5			GB/T 11148
蒸发损失(163℃,5h)/% 不大于	1			GB/T 11964
蒸发后针入度比/% 不小于	65			①
闪点(开口)/℃ 不低于	230			GB/T 267
脆点/℃	报告			GB/T 4510

①测定蒸发损失后试样的针入度与原针入度之比乘以 100 后，所得的百分比，称为蒸发后针入度比。

附录五　道路沥青质量指标

项目	质量指标(SH 0522-2000)					试验方法
	200 号	180 号	140 号	100 号	60 号	
针入度(25℃,100g,5s)/(1/10mm)	200～300	150～200	110～150	80～110	50～80	GB/T 4509
延度(25℃)/cm 不小于	20	100①	100①	90	70	GB/T 4508
软化点(环球法)/℃	30～45	35～45	38～48	42～52	45～55	GB/T 4507
溶解度/% 不小于	99.0	99.0	99.0	99.0	99.0	GB/T 11148
闪点(开口)/℃ 不低于	180	200	230	230	230	GB/T 267
蒸发后针入度比②/% 不小于	50	60	60	—	—	GB/T 4509
蒸发损失(163℃,5h)/% 不大于	1	1	1	—	—	GB/T 11964
薄膜烘箱试验　质量变化/%	—	—	—	报告	报告	
薄膜烘箱试验　针入度比/%	—	—	—	报告	报告	
薄膜烘箱试验　延度(25℃)/cm	—	—	—	报告	报告	

① 当 25℃ 达不到 100cm 时，如 15℃ 不小于 100cm，也认为是合格的。

② 蒸发损失后针入度与原针入度之比乘以 100，即为蒸发后针入度比。

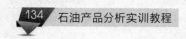

附录六　标准查询方法

一、工具书检索

工具书检索主要是利用各种标准目录或汇编检索，例如：《中华人民共和国国家标准目录》、《中国国家标准汇编》、《中国国家标准分类汇编》、《中华人民共和国行业标准目录》、《企业标准目录》、《中国标准化年鉴》、《ISO Catalogue》（年刊）、《国际标准草案目录》、《国家电工委员会出版物目录》（catalogue of IEC publications）、《国际电工委员会年鉴》（IEC Yearbook）、《ANSI Catalogue》、《BSI Catalogue》、《JIS 标准总目录》、《JIS 标准年鉴》等。

二、网络数据库检索

许多网站提供标准的免费检索或下载服务。

国内网上标准信息资源如下：

网站名称	网址
中国标准服务网	http://www.cssn.net.cn
国家标准化管理委员会	http://www.sac.gov.cn
标准网	http://www.standardcn.com
中国标准咨询网	http://www.chinastandard.com.cn/index.asp
中国标准化信息	http://www.china~cas.org/index.php3
天津市质量技术监督信息研究所	http://www.tjtsi.ac.cn
标准分享网	http://www.bzfxw.com
我要找标准	http://www.51zbz.com
标准下载网	http://www.bzxzw.com
国家标准下载站	http://www.dnsum.com
食品伙伴网食品标准下载	http://down.foodmate.net/standard/index.html

国外网上标准信息资源如下：

网站名称	网址
国际标准化组织（ISO）	http://www.iso.ch/iso/en/ISOOnline.frontpage
美国国家标准学会（ANSI）	http://web.ansi.org/public/search.html
美国电气电子工程师学会标准（IEEE）	http://standards.ieee.org/catalog/index.html
美国材料与实验协会（ASTM）	http://www.astm.org/Standard/index.shtml
英国标准学会（BSI）	http://www.bsi.org.uk/bsis/index.html
德国标准化学会（DIN）	http://www.beuth.de/beuth.html? normenrecherche

附录七　化学化工综合网站

1. 中国化工网 http://www.chemnet.com.cn
2. 中国化工信息网 http://www.cheminfo.gov.cn
3. 化工世界网 http://www.chemworld.com.cn
4. 中国万维化工城 http://www.chem.com.cn
5. 慧聪化工网 http://www.chem.hc360.com
6. 中国化工七日讯 http://www.qrx.cn

7. 阿里巴巴化工 http：//chem. china. alibaba. com/chem. html

8. 化工报价网 http：//www. chembj. com

9. 勤加缘化工网 http：//chem. qjy168. com

10. 化工易贸网 http：//www. chemease. com

11. 化工热线 http：//www. chemol. com. cn

12. 中国化工仪器网 http：//www. chem17. com

13. 中国精细化工网 http：//www. finechem. com. cn

14. 化工引擎 http：//www. chemyq. com

15. 化工搜索 http：//www. chemindex. com/cn

16. 万客化工 http：//www. wcoat. com

17. 中国化工资讯网 http：//www. chchin. com

18. 中华试剂网 http：//www. chemgogo. cn

19. 卡维咨询化工行业新闻门户 http：//www. kawise. com

附录八 化学化工论坛

1. 中国化工网论坛 http：//bbs. chemnet. com

2. 有机化学网化学论坛 http：//bbs. organicchem. com

3. 海川化工论坛 http：//bbs. hcbbs. com

4. 化工技术论坛 http：//bbs. hgbbs. net

5. 小木虫 http：//emuch. net

6. 科学网 http：//www. sciencenet. cn

7. 诺贝尔学术资源网 http：//bbs. ok6ok. com

8. 子午学术论坛 http：//www. ziwu. org/bbs

9. 萍萍家园 http：//www. pet2008. cn

附录九 本书二维码信息库

编号	信息名称	信息简介	二维码
M1-1	车用乙醇汽油馏程测定任务介绍	车用乙醇汽油馏程测定具体任务分析和方法介绍	
M1-2	车用乙醇汽油馏程测定操作步骤	车用乙醇汽油馏程测定实验操作步骤演示	
M2-1	车用乙醇汽油密度测定任务介绍	车用乙醇汽油密度测定具体任务分析和方法介绍	

续表

编号	信息名称	信息简介	二维码
M2-2	车用乙醇汽油密度测定操作步骤	车用乙醇汽油密度测定实验操作步骤演示	
M3-1	车用乙醇汽油水溶性酸及碱测定任务介绍	车用乙醇汽油水溶性酸及碱测定具体任务分析和方法介绍	
M3-2	车用乙醇汽油水溶性酸及碱测定操作步骤	车用乙醇汽油水溶性酸及碱测定操作步骤演示	
M4-1	车用乙醇汽油铜片腐蚀试验任务介绍	车用乙醇汽油铜片腐蚀试验具体任务分析和方法介绍	
M4-2	车用乙醇汽油铜片腐蚀试验操作步骤	车用乙醇汽油铜片腐蚀试验操作步骤演示	
M5-1	车用柴油运动黏度测定任务介绍	车用柴油运动黏度测定具体任务分析和方法介绍	
M5-2	车用柴油运动黏度测定操作步骤	车用柴油运动黏度测定操作步骤演示	
M6-1	车用柴油闭口杯闪点测定任务介绍	车用柴油闭口杯闪点测定具体任务分析和方法介绍	
M6-2	车用柴油闭口杯闪点测定操作步骤	车用柴油闭口杯闪点测定操作步骤演示	

续表

编号	信息名称	信息简介	二维码
M7-1	车用柴油酸度测定任务介绍	车用柴油酸度测定具体任务分析和方法介绍	
M7-2	车用柴油酸度测定操作步骤	车用柴油酸度测定操作步骤演示	
M8-1	车用柴油色度测定任务介绍	车用柴油色度测定具体任务分析和方法介绍	
M8-2	车用柴油色度测定操作步骤	车用柴油色度测定操作步骤演示	
M9-1	车用柴油凝点的测定任务介绍	车用柴油凝点的测定具体任务分析和方法介绍	
M9-2	车用柴油凝点的测定操作步骤	车用柴油凝点的测定操作步骤演示	
M10-1	车用柴油冷滤点测定任务介绍	车用柴油冷滤点测定具体任务分析和方法介绍	
M10-2	车用柴油冷滤点测定操作步骤	车用柴油冷滤点测定操作步骤演示	
M11-1	车用柴油机械杂质测定任务介绍	车用柴油机械杂质测定具体任务分析和方法介绍	

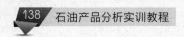
编号	信息名称	信息简介	二维码
M11-2	车用柴油机械杂质测定操作步骤	车用柴油机械杂质测定操作步骤演示	
M12-1	润滑油水分测定任务介绍	润滑油水分测定具体任务分析和方法介绍	
M12-2	润滑油水分测定操作步骤	润滑油水分测定操作步骤演示	
M13-1	润滑油开口杯闪点和燃点测定任务介绍	润滑油开口杯闪点和燃点测定具体任务分析和方法介绍	
M13-2	润滑油开口杯闪点和燃点测定操作步骤	润滑油开口杯闪点和燃点测定操作步骤演示	
M14-1	润滑油酸值测定任务介绍	润滑油酸值测定具体任务分析和方法介绍	
M14-2	润滑油酸值测定操作步骤	润滑油酸值测定操作步骤演示	
M15-1	润滑油恩氏黏度测定任务介绍	润滑油恩氏黏度测定具体任务分析和方法介绍	
M15-2	润滑油恩氏黏度测定操作步骤	润滑油恩氏黏度测定操作步骤演示	

续表

编号	信息名称	信息简介	二维码
M16-1	沥青软化点测定任务介绍	沥青软化点测定具体任务分析和方法介绍	
M16-2	沥青软化点测定操作步骤	沥青软化点测定操作步骤演示	
M17-1	沥青针入度测定任务介绍	沥青针入度测定具体任务分析和方法介绍	
M17-2	沥青针入度测定操作步骤	沥青针入度测定操作步骤演示	
M18-1	沥青延度测定任务介绍	沥青延度测定具体任务分析和方法介绍	
M18-2	沥青延度测定操作步骤	沥青延度测定操作步骤演示	

参 考 文 献

[1] 王宝仁，孙乃有. 石油产品分析. 北京：化学工业出版社，2013.
[2] 温泉. 油品检测技术. 北京：化学工业出版社，2012.
[3] 顾洁. 油品分析与化验知识问答. 北京：中国石化出版社，2013.
[4] 侯振鞠，付梅丽. 石油产品分析. 北京：石油工业出版社，2010.
[5] 中国石油化工集团公司人事部，中国石油天然气集团公司人事服务中心. 油品分析工. 北京：中国石化出版社，2009.
[6] 中国石油化工股份有限公司科技开发部. 石油和石油产品实验方法国家标准汇编. 北京：中国标准出版社，2011.
[7] 王宝仁. 油品分析. 北京：高等教育出版社，2007.